数控机床装调维修与升级改造

王立伟　主编

何威　孟刚　李兴涛　副主编

天津大学出版社
TIANJIN UNIVERSITY PRESS

图书在版编目（CIP）数据

数控机床装调维修与升级改造 / 王立伟主编；何威，
孟刚，李兴涛副主编. -- 天津 : 天津大学出版社，
2023.2

ISBN 978-7-5618-7394-6

Ⅰ.①数… Ⅱ.①王…②何…③孟…④李… Ⅲ.
①数控机床－安装②数控机床－调试方法③数控机床－维
修 Ⅳ.①TG659

中国国家版本馆CIP数据核字(2023)第005557号

出版发行	天津大学出版社	
地　　址	天津市卫津路92号天津大学内（邮编：300072）	
电　　话	发行部：022-27403647	
网　　址	www.tjupress.com.cn	
印　　刷	廊坊市海涛印刷有限公司	
经　　销	全国各地新华书店	
开　　本	787mm×1092mm　1/16	
印　　张	13.5	
字　　数	328千	
版　　次	2023年2月第1版	
印　　次	2023年2月第1次	
定　　价	40.00元	

前　言

伴随着《中国制造 2025》发展纲要的实施,国家对高端装备制造技术的日趋重视和国内装备制造技术的发展,数控机床的应用越来越广泛,对数控技术人才的需求量也越来越大。目前,国内数控机床安装、调试、维修、升级改造等方面的人才尤为缺乏,掌握并驾驭数控技术,无疑是许多工程技术人员的梦想。为了使应用型本科、高职和中职教育教学能够更加符合企业需求,我们吸纳了国外在高技能人才培养方面先进的经验和理念,面向全国职业院校技能大赛,并结合我国职业教育的特点,精心组织编写了本教材。

2014 年全国职业院校技能大赛"数控机床装调、维修与升级改造"赛项的成功举办,检验了学生团队的协作能力、计划组织能力、数控机床的机械与电气装调、故障诊断和排除、PLC 程序编辑与调试、机床精度检验、试件切削试验等能力;考察了选手的质量、效率、成本、安全和环保意识;推动了职业院校数控设备应用与维护等专业的教育教学改革,促进了职业院校紧贴产业需求,提升学生职业能力,加快工学结合人才培养模式改革与创新的步伐;培养了制造企业急需的数控设备机械、电气系统等维修方面的高素质、高技能型人才。

本教材以培养学生数控机床装调、维修与升级改造应用能力为教学设计主线,以技能大赛设备为载体,构建"项目＋任务"式教材结构,科学、合理地设计教学项目和任务,通过典型项目载体的引入及实施,明确阐述项目目标,知识点,任务实施,经验分享,知识、技能归纳以及技能拓展,通过任务驱动来培养学生分析和解决实际问题的能力。

本教材包含 7 个项目,授课学时为 100 学时,项目选取和授课学时也可根据教学计划和培养目标做适当调整,各项目内容及对应学时如下。

项目	内　容	建议学时
项目 1 "数控机床装调、维修与升级改造"赛项解读	1.1　机械拆装与电气安装	0.5
	1.2　机床功能检查与故障排除	1
	1.3　数控机床位置精度检测	0.5
	1.4　数控铣床升级改造为加工中心	1
	1.5　试件切削试验编程与操作	0.5
	1.6　职业素养与安全意识	0.5
	学时小计	4

项目	内　　容	建议学时
项目2　机械拆装与电气安装	2.1　项目导入 2.2　训练目标 2.3　知识学习 2.3.1　主轴拉刀机械机构 2.3.2　刀库换刀电路设计	4
	2.4　任务实施 2.4.1　主轴拉刀机构拆装 2.4.2　刀库换刀电路连接	6
	2.5　技能拓展 2.5.1　主轴部件机械故障诊断与排除 2.5.2　NC启动电路故障诊断与排除	6
	学时小计	16
项目3　系统参数初始化	3.1　项目导入 3.2　训练目标 3.3　知识学习 3.3.1　数控系统参数概述 3.3.2　常用参数的含义	4
	3.4　任务实施——系统参数的初始化设定	8
	3.5　技能拓展——其他参数设置	4
	学时小计	16
项目4　数控机床精度的检测	4.1　项目导入 4.2　训练目标 4.3　知识学习 4.3.1　常用检测工具 4.3.2　机床调平的检测方法 4.3.3　几何精度的检测方法 4.3.4　位置精度的检测方法	2
	4.4　任务实施 4.4.1　机床调平 4.4.2　几何精度检测 4.4.3　位置精度检测	12
	4.5　技能拓展 4.5.1　XL-80激光干涉仪的硬件组成 4.5.2　XL-80激光干涉仪的工作过程 4.5.3　采用激光干涉仪进行检测的方法	2
	学时小计	16

项目	内　容	建议学时
项目 5　数控铣床升级改造为加工中心	5.1　项目导入	2
	5.2　训练目标	
	5.3　知识学习 5.3.1　PLC 的分类 5.3.2　PMC 的循环周期处理 5.3.3　I/O 地址分配 5.3.4　刀库的控制要求	
	5.4　任务实施 5.4.1　换刀流程及思路 5.4.2　换刀宏程序 5.4.3　编写 PMC 程序及相关系统参数设置 5.4.4　机床换刀功能调试与验证	20
	5.5　技能拓展——四方刀架 PMC 程序的编写、调试与验证	2
	学时小计	24
项目 6　机床功能检查与故障排除	6.1　项目导入	2
	6.2　训练目标	
	6.3　知识学习 6.3.1　数控机床功能检查的内容 6.3.2　数控机床功能检查 6.3.3　数控机床故障的分类 6.3.4　数控机床故障诊断与维修 6.3.5　对数控机床维修人员的要求	
	6.4　任务实施 6.4.1　数控铣床维修实训设备功能检查 6.4.2　电气故障诊断与排除 6.4.3　参数故障诊断与排除	12
	6.5　技能拓展——PMC 故障诊断与排除	2
	学时小计	16
项目 7　试件切削试验编程与操作	7.1　项目导入	2
	7.2　训练目标	
	7.3　知识学习 7.3.1　切削精度的验收 7.3.2　工作的试切	
	7.4　任务实施 7.4.1　轮廓加工试件 7.4.2　试件加工操作过程	4
	7.5　技能拓展——数控车床切削精度的验收方法	2
	学时小计	8
学时总计		100

限于编者水平,书中难免有不妥和疏漏之处,敬请广大读者提出宝贵意见和建议。

目　录

项目1

"数控机床装调、维修与升级改造"赛项解读 / 1

项目2

机械拆装与电气安装 / 15

项目3

系统参数初始化 / 32

项目4

数控机床精度的检测 / 58

项目 5

数控铣床升级改造为加工中心 / 93

项目 6

机床功能检查与故障排除 / 153

项目 7

试件切削试验编程与操作 / 191

项目 1 "数控机床装调、维修与升级改造"赛项解读

教学导航

知识重点	了解"数控机床装调、维修与升级改造"赛项的工作目标,需要完成的工作任务
知识难点	赛项任务的解读,逐项分析赛项任务的知识与技能考核点
技能重点	机械、电气安装与调试,位置精度检测
技能难点	故障诊断与排除,刀库 PLC(可编程控制器)程序编写及调试
推荐教学方式	从工作任务入手,通过对赛项任务的解读和赛项任务的知识与技能考核点的分析,使学生了解大赛竞赛内容,掌握竞赛考核点内容,建议在机床旁教学或视频教学
推荐学习方法	通过对大赛任务书的学习,基本掌握赛项任务的知识与技能考核点内容,为今后学习本课程打下良好基础
建议学时	4 学时

为了检验参赛选手的团队协作、计划组织、数控机床的机械与电气装调、故障诊断和排除、PLC 程序编辑和调试、机床精度检验、试件切削试验等能力,考察选手的质量、效率、成本、安全和环保意识,推动职业院校数控设备应用与维护等专业的教育教学改革,促进职业院校紧贴产业需求,提升学生职业能力,加快工学结合人才培养模式改革与创新的步伐,培养制造企业急需的数控设备机械、电气系统等维修方面的高素质、技能型人才,2014 年教育部主办了全国职业院校学生"数控机床装调、维修与升级改造"技能大赛,全国共选拔了 54 支代表队近 161 名选手参加了该项大赛。

该项大赛所用设备是浙江亚龙教育装备股份有限公司的数控铣床维修实训设备,如图 1-1 所示。该实训设备由数控系统、交流伺服驱动系统、冷却控制模块、排屑控制模块、刀库控制模块、变压器、网孔板、其他辅助模块和数控铣床机械本体等组成。其中包含数控系统应用、PLC 控制、传感器检测、低压电气控制、机械传动等技术,可强化学生对数控机床的安装、接线、调试、故障诊断和维修、精度检测、试件编程加工等综合能力。其数控系统(三选一)分别为 FANUC 0i Mate-MD、西门子 828D、华中 818B,驱动单元分别为 FANUC βiS-VSP20-20/7.5、西门子交流伺服系统、华中交流伺服系统,手轮单元为手摇脉冲发生器,工作台尺寸为 700 mm × 320 mm,主轴转速为 10 000 r/min,三个直线坐标轴 X、Y、Z 采用直线滚动导轨,且 X、Y、Z 向速度可达到 30 m/min。

图 1-1　大赛所用数控铣床维修实训设备

1. 大赛的工作目标

参赛团队三人在规定时间 5 h 内,根据任务书的要求,以现场操作的方式,将数控铣床加装有 12 把刀具的斗笠式刀库并升级改造为加工中心,完成数控铣床维修实训设备的刀库电气设计、电路连接、拉刀机构的机械装配、参数设置、数控功能调试、故障排除、机电联调、PLC 刀库编程调试、几何精度检测、定位精度检测和试件编程加工等。通过比赛检验学生的专业知识、专业技能、团队协作能力、计划组织能力、交流沟通能力、职业素养和安全意识等。

2. 需要完成的工作任务

(1)按照机械装配工艺,完成拉刀机构的机械装配与调试。

(2)电路设计、设备安装和电路连接。

①根据任务书要求,设计一台数控铣床维修实训设备的部分电气控制电路。

②根据器件安装布局图,完成伺服驱动器、电气元件等的安装工作,安装位置为装置背面的网孔板。

③根据提供的电路图和自行设计的电路图,按照给定的输入 / 输出(I/O)分配表及接口说明,连接伺服驱动模块、刀库控制模块、冷却控制模块等电路。

(3)对数控机床 X 轴进给轴的定位精度、重复定位精度进行检测,完成对 X 轴滚珠丝杠平均反向差值的检测并补偿。

(4)根据刀库机电结构的实际情况,设立换刀点,连接气动管路,根据所连接的电气线路编写控制刀库的 PLC 梯形图;调试 PLC 梯形图,使刀库手动数据输入(MDI),自动方式下找刀、换刀运行正常。

(5)试件切削试验编程与操作。

3. 大赛评分的分值分配

"数控机床装调、维修与升级改造"技能大赛共有六项任务,大赛评分的分值分配见表 1-1。

表 1-1 大赛评分的分值分配

任务	内容	配分	备注
1	机械拆装与电气安装	20	
2	机床功能检查与故障排除	20	
3	数控机床位置精度检测	10	
4	数控铣床升级改造为加工中心	30	
5	试件切削试验编程与操作	10	
6	职业素养与安全意识	10	
合计		100	

1.1 机械拆装与电气安装

1.1.1 工作任务内容

(1)选手以数控铣床主轴刀具自动松夹机构有杂物导致刀柄不能拉紧为假设,选用合适的工具拆下主轴刀具自动松夹机构零件,并重点清擦主轴锥孔及拉爪等(注意:不用清洗碟簧组件),然后按反序安装,并将拉爪与碟簧组件预紧好。

(2)检查机床各部位机械结构状况,检查斗笠式刀库的安装、定位状况。

(3)根据机床电气图纸,按电工技术规范要求安装刀库电机控制电路电器元件及线路。

1.1.2 工作任务要求

(1)读懂主轴刀具自动松夹机构图纸有关内容,明白如何正确拆装。

(2)根据机械拆装过程,在赛卷上认真填写工艺过程,并写出应使用的工具等,见表 1-2。

(3)填写机床各部位机械结构状况,见表 1-3。

(4)根据电气安装过程,在赛卷上填写安装工艺过程,并写出应使用的工具等,见表 1-4。

表 1-2 机械拆装工艺卡

序号	工艺内容	使用的工具	备注

续表

序号	工艺内容	使用的工具	备注

表 1-3　机床各部位机械结构状况

序号	检查部位	检查结果	备注

表 1-4　电气安装工艺卡

序号	工艺内容	使用的工具	备注

1.1.3　评分记录

机械拆装与电气安装评分记录表，见表 1-5。

表 1-5　机械拆装与电气安装评分记录表

任务	序号	评分内容	评分细节	配分	扣分要求	得分	备注
机械拆装与电气安装	1	拆装主轴刀具自动松夹机构	正确拆卸主轴刀具自动松夹机构	4	打刀缸拆卸下后倾倒放置扣 1 分,踩踏工作台面或导轨拉罩扣 0.5 分		
			清擦相关部位和零件	3	主轴内孔、拉刀爪清擦不净各扣 0.5 分,扣完为止		
			正确装配主轴刀具自动松夹机构	4	此时将防护罩装上扣 0.5 分		
	2	检查机床各部位机械结构	检查铣床各部位	1	漏项扣 0.5 分,扣完为止		
			检查刀库安装情况	2	漏项扣 1 分,扣完为止		
	3	安装刀库电机控制电路电器元件及线路	正确连接电路	4	线路连接不正确每处扣 1 分,扣完为止		
			规范操作工艺	3	导线、套管、线号,每错一处扣 1 分,扣完为止		
得分小计							

1.2　机床功能检查与故障排除

1.2.1　工作任务内容

（1）在机床不通电情况下检查机床电气系统,排除所有电器及电气线路故障。

（2）机床通电后按照机床功能检查表要求,按顺序进行机床功能检查,排除数控系统、伺服驱动、机械等软硬件故障。

（3）调整主轴刀具自动松夹机构至合格,安装主轴箱防护罩、照明灯、手动换刀按钮,调整机床水平至合格。

1.2.2　工作任务要求

（1）在机床不通电情况下检查机床电气系统的过程与故障排除结果,并认真记录,见表 1-6。

（2）在进行机床功能检查过程中,根据所列选项进行调试,保证机床各项功能正常,各动作能够实现。在检查过程中若出现故障,应进行排除,并将故障现象、原因分析、故障排除记录下来,见表 1-7。

（3）将参数设置与调试结果记录下来,见表 1-8。

表 1-6　机床不通电情况下电气系统检查表

序号	检查部位	故障现象与排除过程	备注

表 1-7　机床功能检查表

序号	检查部位	故障现象与排除过程	备注

表 1-8　参数设置与调试表

序号	参数号	错误值	修正值	备注

1.2.3 评分记录

机床功能检查与故障排除评分记录表,见表 1-9。

表 1-9 机床功能检查与故障排除评分记录表

任务	序号	评分内容	评分细节	配分	扣分要求	得分	备注
机床功能检查与故障排除	1	故障排除	完成未通电情况下故障排除	5	故障 1 处未查出扣 2 分,扣完为止		
	2	机床功能检查	完成机床功能检查	4	测试不到位,每处扣 0.5 分,扣完为止		
			完成通电后故障排除	5	故障 1 处未查出扣 0.5 分,扣完为止		
	3	机床调整	正确调整主轴刀具自动松夹机构	3	手动方式下松、拉刀不正常,每处扣 1 分,扣完为止		
			正确调整机床水平	3	水平仪放置不合理、方法不对,扣 1 分;机床工作台未调到水平状态,扣 1 分		
			得分小计				

1.3 数控机床位置精度检测

1.3.1 工作任务内容

(1)对数控机床 X 轴进给轴的定位精度、重复定位精度进行检测。

(2)完成对 X 轴滚珠丝杠平均反向差值的检测并补偿。

1.3.2 工作任务目标

(1)正确安装测量工、量具或设备,对数控机床的 X 轴进行精度测试,并将测量值记录在表 1-10 中。

(2)将测量与计算出的 X 轴滚珠丝杠平均反向差值记录在表 1-11 中。

(3)对 X 轴进行补偿后,先将补偿数值记录下来,然后进行补偿结果测试,将测试结果记录在表 1-12 中。

表 1-10　数控机床位置精度测试记录表

	机床型号		机床编号			测试轴												
	序号		1		2		3		4		5		6		7		8	9
	目标位置 P/mm																	
	趋近方向		↑	↓	↑	↓	↑	↓	↑	↓	↑	↓	↑	↓	↑	↓	↑ ↓	↑ ↓
测量记录	位置偏差 X_i/μm	$j=1$																
		2																
		3																
		4																
		5																
	标准		GB/T 20957.4—2007															
	方向		单向						双向									
	定位精度 A/mm																	
	重复定位精度 R/mm																	
	平均反向差值 $\overline{B}$/mm																	

表 1-11　X 轴平均反向差值补偿

参数号		数值	

表 1-12　X 轴平均反向差值补偿后测量值

数值	

1.3.3　评分记录

数控机床位置精度检测评分记录表,见表 1-13。

表 1-13　数控机床位置精度检测评分记录表

任务	序号	评分内容	评分细节	配分	扣分要求	得分	备注
数控机床位置精度检测	1	定位精度检测	正确使用工、量具	2	工、量具使用不正确,每错 1 处扣 0.5 分,扣完为止		
			检测结果正确	2	检测不到位,扣 0.5 分		
	2	X 轴滚珠丝杠平均反向差值检测并补偿	正确使用工、量具	2	工、量具使用不正确,每错 1 处扣 0.5 分,扣完为止		
			检测结果正确,补偿效果有效	4	补偿方法不正确,扣 2 分;补偿无效果,扣 2 分		
			得分小计				

1.4 数控铣床升级改造为加工中心

1.4.1 工作任务内容

（1）根据刀库机电结构实际情况，设立换刀点，连接气动管路；根据所连接电气线路，编写控制刀库的 PLC 梯形图。

（2）调试 PLC 梯形图至刀库 MDI，自动方式下找刀、换刀运行正常。

（3）正确安放刀具，刀库运行正常。

1.4.2 工作任务目标

（1）根据所选用的数控系统 I/O 地址编制 PLC 梯形图和 I/O 地址分配表，以 FANUC 0i Mate-MD 数控系统为例，见表 1-14。

（2）使用计算机辅助技术进行梯形图编制。

（3）安放刀具后，设置刀具长度补偿值。

表 1-14 I/O 地址分配表

FANUC 0i Mate-MD 数控系统 PMC I/O 分配表			
输入地址	名称	输出地址	名称
CB104			
X0.0	单段（SINGLE BLOCK）	Y0.0	单段灯（SINGLE BLOCK）
X0.1	空运行（DRY RUN）	Y0.1	空运行灯（DRY RUN）
X0.2	选择停止（OPTION STOP）	Y0.2	选择停止灯（OPTION STOP）
X0.3	跳读（BLOCK SKIP）	Y0.3	跳读灯（BLOCK SKIP）
X0.4	程序再启（PROGRAM RESTART）	Y0.4	程序再启灯（PROGRAM RESTART）
~X0.5	排屑正转（CHIP A CW）	Y0.5	排屑正转灯（CHIP A CW）
X0.6	冷却 A（COOLANT A）	Y0.6	冷却 A 灯（COOLANT A）
X0.7	刀库正转（MAG CW）	Y0.7	刀库正转灯（MAG CW）
X1.0	辅闭锁（AUX LOCK）	Y1.0	辅闭锁灯（AUX LOCK）
X1.1	机床闭锁（MACHINE LOCK）	Y1.1	机床闭锁灯（MACHINE LOCK）
X1.2	Z 轴闭锁（Z AXIS CANCEL）	Y1.2	Z 轴闭锁灯（Z AXIS CANCEL）
X1.3	示教（TEACH）	Y1.3	示教灯（TEACH）
X1.4	手绝对值（MAN ABS）	Y1.4	手绝对值灯（MAN ABS）
X1.5	排屑反转（CHIP A CCW）	Y1.5	排屑反转灯（CHIP A CCW）
X1.6	冷却 B（COOLANT B）	Y1.6	冷却 B 灯（COOLANT B）
X1.7	刀库反转（MAG CCW）	Y1.7	刀库反转灯（MAG CCW）
X2.0	手轮倍率 ×1（HAND WHEEL）		

FANUC 0i Mate-MD 数控系统 PMC I/O 分配表			
输入地址	名称	输出地址	名称
X2.1	手轮倍率 ×10(HAND WHEEL)		
X2.2	手轮轴选 X(HAND WHEEL)		
X2.3	手轮轴选 Y(HAND WHEEL)		
X2.4	手轮轴选 Z(HAND WHEEL)		
X2.5	手轮轴选 A(HAND WHEEL)		
X2.6	备用		
X2.7	备用		
CB105			
X3.0	伺服电源报警	Y2.0	冷却
X3.1	$X0$	Y2.1	排屑电机反转
X3.2	$Y0$	Y2.2	排屑电机正转
X3.3	$Z0$	Y2.3	润滑
X3.4	X 限位	Y2.4	M30 自动断电
X3.5	Y 限位	Y2.5	照明
X3.6	排屑电机报警	Y2.6	刀库电机反转
X3.7	冷却电机报警	Y2.7	刀库电机正转
X8.0	松刀按钮	Y3.0	打刀
X8.1	刀具松开	Y3.1	红灯
X8.2	刀具锁紧	Y3.2	黄灯
X8.3	空气压力	Y3.3	绿灯
X8.4	急停	Y3.4	刀库前
X8.5	Z 限位	Y3.5	刀库后
X8.6	备用	Y3.6	超程解除
X8.7	备用	Y3.7	抱闸控制
X9.0	刀库前位		
X9.1	刀库后位		
X9.2	计数		
X9.3	备用		
X9.4	备用		
X9.5	备用		
X9.6	备用		
X9.7	备用		
CB106			
X4.0	F1	Y4.0	F1 灯
X4.1	F2	Y4.1	F2 灯

FANUC 0i Mate-MD 数控系统 PMC I/O 分配表			
输入地址	名称	输出地址	名称
X4.2	备用	Y4.2	F3 灯
X4.3	F4	Y4.3	F4 灯
X4.4	F5	Y4.4	F5 灯
X4.5	M30	Y4.5	M30 断电灯
X4.6	照明（WORK LIGHT）	Y4.6	照明灯（WORK LIGHT）
X4.7	备用	Y4.7	安全门灯（SAFE DOOR OPEN）
X5.0	F0	Y5.0	F0 灯
X5.1	F25	Y5.1	F25 灯
X5.2	F50	Y5.2	F50 灯
X5.3	F100	Y5.3	F100 灯
X5.4	主轴定向（SPD ORL）	Y5.4	主轴定向灯（SPD ORL）
X5.5	主轴正转（SPD CW）	Y5.5	主轴正转灯（SPD CW）
X5.6	主轴停止（SPD STOP）	Y5.6	主轴停止灯（SPD STOP）
X5.7	主轴反转（SPD CCW）	Y5.7	主轴反转灯（SPD CCW）
X6.0	$A+$		
X6.1	$Z+$		
X6.2	$Y-$		
X6.3	参考点返回启动（HOME START）		
X6.4	$X+$		
X6.5	快速（RAPID）		
X6.6	$X-$		
X6.7	超程解除（0 TRAVEL RELEASE）		
CB107			
X7.0	$Y+$	Y6.0	X 参考点灯（X REF）
X7.1	$Z-$	Y6.1	Y 参考点灯（Y REF）
X7.2	$A-$	Y6.2	Z 参考点灯（Z REF）
X7.3	钥匙开关	Y6.3	A 参考点灯（A REF）
X7.4	循环启动	Y6.4	主轴低挡灯（SP LOW）
X7.5	进给保持	Y6.5	主轴高挡灯（SP HIGH）
X7.6	F3	Y6.6	ATC 准备灯（ATC READY）
X7.7	打开安全门（SAFE DOOR OPEN）	Y6.7	超程解除灯（O TRAVEL）
X10.0	方式选择 A	Y7.0	主轴松刀灯（SP UNCLAMP）
X10.1	方式选择 F	Y7.1	气压低灯（AIR LOW）
X10.2	方式选择 B	Y7.2	A 轴松开灯（A UNCLAMP）
X10.3	进给倍率 A	Y7.3	油位低灯（OIL LOW）

续表

FANUC 0i Mate-MD 数控系统 PMC I/O 分配表			
输入地址	名称	输出地址	名称
X10.4	进给倍率 F	Y7.4	循环启动灯（循环启动 LED）
X10.5	进给倍率 B	Y7.5	进给保持灯（进给保持 LED）
X10.6	进给倍率 E	Y7.6	参考点启动灯（HOME START LED）
X10.7	进给倍率 C	Y7.7	手轮灯（手持盒 LED）
X11.0	主轴倍率 A		
X11.1	主轴倍率 F		
X11.2	主轴倍率 B		
X11.3	主轴倍率 E		
X11.4	主轴倍率 C		
X11.5	空白键		
X11.6	备用		
X11.7	备用		

1.4.3 评分记录

数控铣床升级改造为加工中心评分记录表，见表 1-15。

表 1-15 数控铣床升级改造为加工中心评分记录表

任务	序号	评分内容	评分细节	配分	扣分要求	得分	备注
数控铣床升级改造为加工中心	1	PLC 梯形图编写	正确完成梯形图编写	15	全部完成不扣分，未完成扣 5 分		
			调试过程正确	5	完成调试不扣分，未完成扣 3 分		
	2	调试刀库功能	正确连接管路	2	气管连接不正确，每处扣 0.5 分		
			完成手动、自动下换刀	8	MDI 方式换刀，执行换刀程序不正常，每处扣 3 分		
			得分小计				

1.5 试件切削试验编程与操作

1.5.1 工作任务内容

（1）根据对 GB/T 20957.7—2007 标准的理解，自行设计试件切削试验工艺，完成试件切削试验的程序编制。

（2）以考核改造后机床的功能及精度为目的，合理安装、调整刀具，配合其他工、量具使用,完成试件切削试验操作。精加工过程中至少要有 3 次自动更换刀具。

1.5.2 工作任务要求

在结束 1.1~1.4 节的 4 个任务,且裁判在评分表上打分并签字确认后,由裁判请技术人员恢复机床 PLC 的原程序才能进行试件切削试验编程操作。

1.5.3 评分记录

试件切削试验编程与操作评分记录表,见表 1-16。

表 1-16 试件切削试验编程与操作评分记录表

任务	序号	评分内容	评分细节	配分	扣分要求	得分	备注
试件切削试验编程与操作	1	编写试件切削试验程序	正确拟定工艺路线	2	先加工外轮廓,再加工斜面,后加工内孔,违反扣 1 分		
	2		正确编写程序	4	根据测试结果给分		
	3	切削试件	正常操作机床	2	工件装卡、工件找正、设置刀补、建立坐标系,每错 1 处扣 0.5 分		
	4		合理使用刀具,完成3 次换刀	2	使用 3 把有效刀,少换 1 次刀扣 0.5 分		
得分小计							

1.6 职业素养与安全意识

1.6.1 任务内容

(1)团队分工合理,相互协调性好,工作效率高,书写规范,尊重裁判。

(2)着装合格,操作规范,工、量具摆放合理,没有违反安全操作规程现象,保持赛位清洁卫生。

1.6.2 评分记录

职业素养与安全意识评分记录表,见表 1-17。

表 1-17　职业素养与安全意识评分记录表

任务	序号	评分内容	评分细节	配分	扣分要求	得分	备注
职业素养与安全意识	1	安全	操作规范,无事故,赛位清洁	3	违反竞赛规则 1 次,扣 1 分;有不尊重考场工作人员行为 1 次,扣 1 分		
	2		着装合格,正确使用工、量具	2	着装不妥扣 1 分,损坏工具每把扣 0.5 分;工作台表面遗留工具、量具、零件,每个扣 0.5 分		
	3	团队合作	团队分工合理	3	分工不明确,没有统筹安排,现场混乱,扣 1 分		
			工作效率高	2	工序不合理扣 1 分,时间安排不合理扣 1 分		
得分小计							

"数控机床装调、维修与升级改造"赛项解读经验分享:

(1)从大赛任务中分析出大赛考核的专业知识和技能点;

(2)大赛时三人团队要合理分配工作和时间;

(3)大赛时赛卷表格要规范填写;

(4)操作规范,工、量具摆放合理,具有环保和安全意识。

知识、技能归纳

通过训练熟悉了大赛考核的专业知识和技能点,并亲身实践了大赛竞赛内容,掌握赛项任务的知识与技能点考核内容。

思考练习

1. 简述大赛的六项任务。

2. 简述机械拆装与电气安装的工作内容。

3. 简述机械拆装与电气安装需要完成的工作任务的要求。

4. 简述机床功能检查与故障排除的工作内容。

5. 简述机床功能检查与故障排除需要完成的工作任务的要求。

6. 简述数控机床位置精度检测的工作内容。

7. 简述数控机床位置精度检测需要完成的工作任务的要求。

8. 简述数控铣床升级改造为加工中心的工作内容。

9. 简述数控铣床升级改造为加工中心需要完成的工作任务的要求。

10. 简述职业素养与安全意识知识考核点。

项目 2　机械拆装与电气安装

教学导航

知识重点	了解主轴拉刀机构和主轴部件的机械组成,掌握刀库换刀电路和 NC 启动电路的工作原理
知识难点	刀库正反转电路设计
技能重点	主轴拉刀机构的装调,刀库正反转电路连接与调试
技能难点	主轴部件机械故障诊断与排除,数字控制(NC)机床启动电路故障诊断与排除
推荐教学方式	从工作任务入手,通过对主轴拉刀机构和主轴部件的机械组成,刀库换刀电路和 NC 机床启动电路的工作原理分析等,使学生了解机械结构和控制电路设计方法,通过在实训设备上训练,掌握机械的拆装、电路连接及其故障诊断和排除方法
推荐学习方法	通过相关的机械、电气理论学习,基本掌握机械结构、电气工作原理;通过训练进行安装调试、故障诊断与排除,真正掌握所学知识与技能
建议学时	16 学时。

2.1　项目导入

数字控制机床(Numerical Control Machine Tools)简称数控机床,这是一种将数字计算技术应用于机床的控制技术。它把机械加工过程中的各种控制信息用代码化的数字表示,通过信息载体输入数控装置,经运算处理由数控装置发出各种控制信号,控制机床的动作,按图纸要求的形状和尺寸,自动地将零件加工出来。数控机床较好地解决了复杂、精密、小批量、多品种的零件加工问题,是一种柔性的、高效能的自动化机床,代表了现代机床控制技术的发展方向,是一种典型的机电一体化产品。

数控机床的基本组成包括加工程序载体、数控装置、伺服驱动装置、机床机械主体和其他辅助装置,如图 2-1 所示。

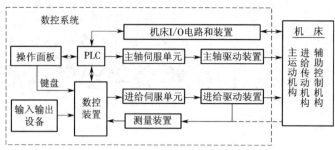

图 2-1　数控机床的组成

2.2　训练目标

1. 知识目标

（1）掌握数控铣床维修实训设备拉刀机械机构装调的方法。

（2）掌握数控铣床维修实训设备刀库换刀电路装调的方法。

（3）掌握数控铣床维修实训设备主轴故障诊断与排除方法。

（4）掌握数控铣床维修实训设备 NC 启动故障诊断与排除方法。

2. 能力目标

（1）具备数控铣床维修实训设备拉刀机械机构装调的能力。

（2）具备数控铣床维修实训设备刀库换刀电路的连接与调试能力。

（3）具备数控铣床维修实训设备拉刀机构和刀库换刀的故障诊断与排除能力。

（4）初步具备数控铣床维修实训设备主轴故障诊断与排除能力。

（5）具备数控铣床维修实训设备 NC 启动故障诊断与排除能力。

3. 素质目标

（1）能够应用理论知识指导实践操作。

（2）具有自主分析问题和解决问题的能力。

（3）培养学生刻苦钻研、吃苦耐劳和团队合作精神。

2.3　知识学习

2.3.1　主轴拉刀机械机构

1. 气源

准备最小风压为 0.5 MPa、流量不小于 200 L/min 的压缩空气，该压缩空气必须干净、干燥，否则需自备气水分离器。

2. 主轴拉刀机械机构

数控铣床或加工中心的主轴松、拉刀具的原理一般是"碟簧拉紧，气动或液压松刀"，松刀用的是"打刀缸"，习惯上将装卡刀具的装置称为"松拉刀"机构。在本实训设备中采用气缸来松刀。

3. 主轴刀具自动松夹机构

松开主轴刀具时,气压缸的活塞杆下行,克服碟簧的拉力,拉刀爪下行,松开刀柄的拉钉,使刀柄处于卸下状态,如图 2-2 所示。

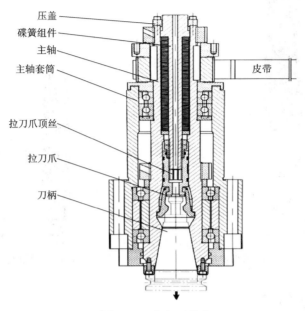

压盖
碟簧组件
主轴
主轴套筒
拉刀爪顶丝
拉刀爪
刀柄
皮带

图 2-2 刀柄卸下状态

拉紧主轴刀具时,气压缸的活塞杆上行,在碟簧的拉力作用下,拉刀爪上行,拉紧刀柄的拉钉,使刀柄处于拉紧状态,如图 2-3 所示。

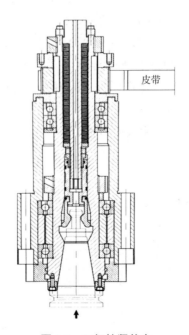

皮带

图 2-3 刀柄拉紧状态

碟簧组件与拉刀爪如图 2-4 和图 2-5 所示。

图 2-4　碟簧组件与拉刀爪连接

图 2-5　碟簧组件与拉刀爪

2.3.2　刀库换刀电路设计

2014 年,全国"数控机床装调、维修与升级改造"赛项中要求将数控铣床维修实训设备升级改造为数控加工中心,为机械添加斗笠式刀库,为电气控制添加刀库换刀电路,并要求编写相应的 PLC 程序。执行换刀指令是 PLC 在数控机床上的主要功能之一,对机床操作面板进行控制也是 PLC 的一个主要功能。因此,刀库的正转、反转是由 PLC 控制中间继电器,从而控制正转、反转接触器来控制刀库的电机正转、反转实现的。

进行刀库换刀电路设计和 PLC 编程时要满足下列要求。

(1)手动操作方式时,按下机床操作面板上的刀库正转按键,刀库正转;按下机床操作面板上的刀库反转按键,刀库反转。

(2)自动操作方式时,在程序中输入换刀指令,如"M6 T1",再按下循环启动按键,即可完成换刀过程。

1. 刀库换刀主电路设计

刀库换刀主电路,如图 2-6 所示。

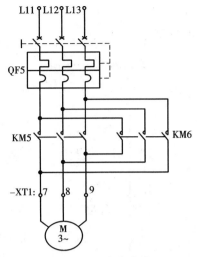

图 2-6 刀库主电路

KM5—刀库电机正转的交流接触器;KM6—刀库电机反转的交流接触器

2. 刀库换刀控制电路设计

刀库换刀控制电路,如图 2-7 所示。

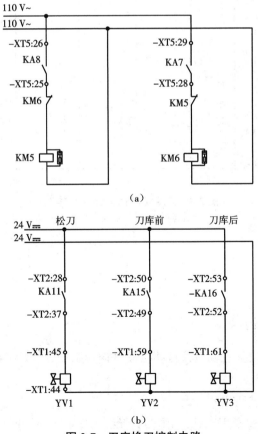

图 2-7 刀库换刀控制电路

(a)刀库电机正转、反转互锁电路 (b)主轴松刀、刀库接近主轴与刀库远离主轴电路

3. 刀库换刀 PLC 的 I/O 电路设计

刀库换刀 PLC 的 I/O 电路,如图 2-8 所示。

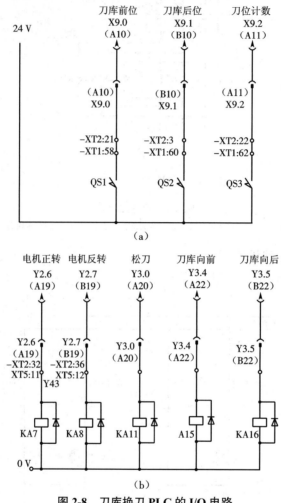

图 2-8 刀库换刀 PLC 的 I/O 电路

(a)PLC 输入信号 (b)PLC 输出信号

2.4 任务实施

2.4.1 主轴拉刀机构拆装

数控铣床维修实训设备主轴刀具自动松夹机构有杂物,导致不能拉紧刀柄,需要进行维修拆卸,清洗后安装调试。

1. 主轴拉刀机构拆装所需的工具

(1)松、紧拉刀爪顶丝专用工具,如图 2-9 所示。其主要用于拆装主轴拉刀机构的松、紧拉刀爪顶丝。

20

图 2-9　松、紧拉刀爪顶丝专用工具

（2）球头内六角扳手,如图 2-10 所示。其主要用于拆卸、紧固打刀缸护板螺栓、打刀缸螺栓、打刀缸支架螺栓。

图 2-10　球头内六角扳手

（3）开口呆扳手,如图 2-11 所示。其主要用于辅助拆装主轴内孔中的碟簧组件和拉刀爪。

图 2-11　开口呆扳手

2. 训练要求

（1）熟悉数控铣床维修实训设备主轴拉刀机构的功能及结构组成。

（2）能够根据工艺要求拆装拉刀机构。

（3）能够熟练使用专用工具。

（4）能够制定工作计划,并按照要求填写相关表格。

3. 主轴拉刀机构拆装工艺卡

主轴拉刀机构拆装工艺卡,见表 2-1。

表 2-1　主轴拉刀机构拆装工艺卡

步骤	工艺内容	使用工具	计划时间 /h	实际时间 /h	完成情况
1	拆下打刀缸护板、照明灯和手动松刀按钮				
2	切断气源,拔下打刀缸气管				
3	拆卸气动电磁阀				
4	拆卸打刀缸相关组件及行程限位开关,并卸下打刀缸(组件包括打刀缸螺栓、打刀缸支架螺栓及打刀缸支架)				
5	拆除拉刀机构及相关组件(松开拉刀爪顶丝,拆卸拉刀机构压盖螺栓并拆下压盖,拆除主轴内孔中的碟簧组件和拉刀爪)				

步骤	工艺内容	使用工具	计划时间 /h	实际时间 /h	完成情况
6	清洁并润滑拉刀爪组件(清擦拉刀爪、主轴锥孔和后端定位孔,拉刀爪配合表面涂抹适量润滑脂,润滑拉刀杆后端安装定位孔和主轴前端锥孔)				
7	安装拉刀机构及相关组件(安装拉刀爪和碟簧组件至主轴内孔,安装主轴后压盖并紧固螺栓)				
8	安装打刀缸及相关组件(安装打刀缸支架并紧固锁紧螺栓,安装打刀缸并紧固螺栓,安装行程限位开关及气动换向阀的电磁阀)				
9	连接打刀缸气管,并打开气源供气				

拉刀机构的拆装与调试总时间为 1 h,计划时间为参考时间,学生自己填写使用工具、计划时间、实际时间和完成情况。

4. 主轴拉刀机构拆装材料清单

主轴拉刀机构拆装材料清单,见表 2-2。

表 2-2　主轴拉刀机构拆装材料清单

序号	图号	物品名称	规格	数量	备注(产地)
1		打刀缸气管			
2		气动电磁阀			
3		打刀缸			
4		行程限位开关			
5		拉刀爪			
6		碟簧组件			
7		打刀缸螺栓			
8		打刀缸支架螺栓			
9		拉刀机构压盖螺栓			
10		压盖			

学生仔细查看零件,根据具体情况填写规格、数量、备注(产地)。

5. 主轴拉刀机构拆装与调试

按照主轴拉刀机构拆装工艺卡中的内容要求,进行主轴拉刀机构拆装与调试实训。在拆装与调试主轴拉刀机构的过程中,进一步了解和掌握设备机械调试的方法、技巧及注意点,培养学生严谨的工作作风,同时需做到以下几点:

(1)在拆卸数控铣床维修实训设备主轴拉刀机构之前,将主轴箱运动到一适合拆卸的位置,关机断电;

（2）能够熟练使用拆装拉刀机构的专用工具；

（3）总结经验，把拆装与调试过程中遇到的问题以及解决方法记录在表2-3中。

表 2-3　主轴拉刀机构拆装与调试记录表

步骤	正常拆装与调试过程记录	遇到的问题和解决方法
拆下打刀缸护板、照明灯和手动松刀按钮		
切断气源，拔下打刀缸气管		
拆卸气动电磁阀		
拆卸打刀缸相关组件及行程限位开关，并卸下打刀缸		
拆除拉刀机构及相关组件		
清洁并润滑拉刀爪组件		
安装拉刀机构及相关组件		
安装打刀缸及相关组件		
连接打刀缸气管，并打开气源供气		

教师、学生可按照表2-4对本次实训进行评分。

表 2-4　主轴拉刀机构拆装评分表

班级_____		工作形式 □个人　□小组分工　□小组		实践工作时间_____	
训练项目	训练内容	训练要求		学生自评	教师评分
主轴拉刀机构拆装	1. 工作计划和图纸（20分）： （1）工作计划； （2）材料清单； （2）机械识图	工作计划不完善，少一项扣1分；材料清单不完整，少一项扣1分；机械识图有错误，每处扣1分			
	2. 部件拆卸与装配（20分）	拆卸过程中有错误，每处扣1分；装配未能完成，扣10分；装配完成，但有紧固件松动现象，每处扣1分			
	3. 机械拆卸及装配工艺（40分）	拆装工艺过程卡片和材料清单中内容不完整，少一项扣1分；清洗与润滑不全，漏一处扣2分；连接紧固螺栓安装顺序不合理，扣2分；工具使用不合理，每项扣2分			
	4. 功能测试（10分）	无法实现拉紧刀具，扣5分；无法实现松开刀具，扣5分			
	5. 职业素养与安全意识（10分）	现场操作符合安全操作规程；工具摆放、包装物品、机械零件等的处理符合职业岗位的要求；团队既有分工又有合作，配合紧密；遵守纪律，尊重教师，爱惜设备和器材，保持工位的整洁			

主轴拉刀机构拆装与调试的经验分享：

（1）零件装配时，不要用力敲击，以免损坏零件；

（2）拆装时人只能站在机床床身底座上，不能站在机床护罩上；

（3）安装主轴箱护罩时，不要忘记安装照明灯的接线；

（4）安放打刀缸时，不要把打刀缸直接放倒在地上，需垫枕木，并垂直摆放；

（5）主轴拉刀组件需要用清洗液清洗干净并涂润滑脂，但碟簧组件不可清洗，只涂润滑脂。

知识、技能归纳

通过训练熟悉了主轴拉刀机构的机械结构，并亲身实践了主轴拉刀机构的拆装与调试。

2.4.2 刀库换刀电路连接

1. 刀库换刀电路连接所需的工具

（1）十字螺丝刀，如图 2-12 所示。其主要用于紧固电器元件上头部为十字槽的螺丝，以连接刀库换刀电路中的电线。

图 2-12 十字螺丝刀

（2）一字螺丝刀，如图 2-13 所示。其主要用于紧固电器元件上头部为一字槽的螺丝，以连接刀库换刀电路中的电线。

图 2-13 一字螺丝刀

（3）剥线钳，如图 2-14 所示。其主要用于切线、剥除电线前端部的表面绝缘层。

图 2-14 剥线钳

（4）压线钳，如图 2-15 所示。其主要用于电线与叉形预绝缘端子的压线连接。

图 2-15　压线钳

（5）万用表,如图 2-16 所示。其主要用于测试电路连接的通断和测量机床通电后的电压。

图 2-16　万用表

2. 训练要求

（1）掌握刀库换刀控制原理。

（2）能够根据机床动作逻辑合理地设计刀库换刀控制电路。

（3）能够熟练使用接线工具,熟悉接线规则。

3. 刀库换刀电气安装工艺卡

刀库换刀电气安装工艺卡,见表 2-5。

表 2-5　刀库换刀电气安装工艺卡

序号	工艺内容				计划时间 /h	实际时间 /h	完成情况
例	刀库换刀电路	颜色	线号	起始点到终点			
1	刀库换刀主电路	黑色	U51、V51、W51	断路器 QF5-2、4、6 到交流接触器 KM5-1、3、5			

序号	工艺内容			计划时间 /h	实际时间 /h	完成情况

刀库换刀电路连接与调试总时间为 3 h,计划时间为参考时间,学生自己填写计划时间、实际时间和完成情况。

4. 刀库换刀电路连接材料清单

刀库换刀电路连接材料清单,见表 2-6。

表 2-6　刀库换刀电路连接材料清单

序号	代号	物品名称	规格	数量	备注(产地)
1		低压断路器			
2		交流接触器			
3		继电器			
4					
5					
6					
7					
8					

学生仔细查看器件,补充完整物品名称,根据所选物品及具体情况填写规格、数量、备注(产地)。

5. 刀库换刀电路连接与调试

按照刀库换刀电气安装工艺卡中的内容要求,进行刀库换刀电路连接与调试实训。在连接与调试刀库换刀电路的过程中,进一步了解和掌握设备电气调试的方法、技巧及注意点,培养学生严谨的工作作风。

1)通电前调试注意点

(1)各电器元件的绝缘情况。

(2)对照电气原理图检查电路连接情况,尤其是电动机的通电相序。

(3)利用万用表欧姆挡检查电路的互锁以及主电路是否有短路。

2)通电后调试注意点

(1)检测低压断路器 QF5-2、4、6 端子三相电源 AC380 V 是否正确,有无缺相。

（2）强制使接触器触点接通，观察电动机运转方向是否符合设计要求。

3）总结经验

把刀库换刀电路连接与调试过程中遇到的问题以及解决方法记录在表 2-7 中。

表 2-7　刀库换刀电路连接与调试记录表

步骤	正常连接与调试过程记录	遇到的问题和解决方法
选择适当的电器元件及导线，并将电器元件安装在网孔板上		
刀库换刀主电路连接		
刀库换刀控制电路连接		
刀库换刀 PLC 的 I/O 电路连接		
在教师的监督下完成刀库控制电路的通电前检测和通电后检测		

教师、学生可按照表 2-8 对本次实训进行评分。

表 2-8　刀库换刀电路连接评分表

班级＿＿＿＿＿＿		工作形式 □个人　□小组分工　□小组	实践工作时间＿＿＿＿＿＿	
训练项目	训练内容	训练要求	学生自评	教师评分
刀库换刀电路连接	1. 工作计划和图纸（20 分）： （1）工作计划； （2）材料清单； （3）电路图； （4）器件清单	电路绘制有错误，每处扣 0.5 分；互锁环节有错误，扣 1.5 分；主电路绘制有错误，每处扣 0.5；控制电路图符号不规范，每处扣 0.5 分，最多扣 2 分		
	2. 电路安装与连接（20 分）	安装未能完成，扣 5 分；电路连接完成，但走线不规范，每处扣 1 分		
	3. 连接工艺（20 分）： （1）电路连接工艺； （2）器件安装工艺	电气安装工艺卡和材料清单中内容不完整，少一项扣 0.5 分；未按照工程规范使用适当颜色的导线，每处扣 0.5 分；端子连接处没有线号，每处扣 0.5 分；电路接线没有绑扎或电路接线凌乱，扣 2 分		
	4. 功能测试（30 分）： （1）刀库电机正转功能； （2）刀库电机反转功能； （3）刀库电机停转功能； （4）整个装置全面检测	无法实现正转，扣 10 分；无法实现反转，扣 10 分；无法实现互锁，扣 10 分		
	5. 职业素养与安全意识（10 分）	现场操作符合安全操作规程；工具摆放、包装物品、导线线头等的处理符合职业岗位的要求；团队既有分工又有合作，配合紧密；遵守纪律，尊重教师，爱惜设备和器材，保持工位的整洁		

刀库换刀电路连接的经验分享：

（1）使用万用表时，注意表笔安装位置，测量前选择适当的挡位；

（2）使用万用表时，不能带电测线路的通断；

（3）连接主电路时，注意正反转电路的相序问题；

（4）连接控制电路时，注意正反转互锁电路的接线次序。

知识、技能归纳

通过训练熟悉了机床电气原理图的绘图方法，亲身实践了刀库电机控制电路的安装调试，并且实践了包含互锁及连锁环节的电气控制系统设计与调试的方法。

2.5 技能拓展

2.5.1 主轴部件机械故障诊断与排除

1. 拓展目标

（1）了解机床主轴部件的组成。

（2）具有诊断与排除数控铣床主轴部件机械故障的能力。

（3）掌握数控铣床维修实训设备对主轴部件的要求。

（4）具有纪律观念和团队意识，以合作方式拟定诊断与修理计划。

（5）能够在故障诊断、检测及维修中严格执行相关技术标准规范和安全操作规程。

（6）具备环境保护和文明生产的基本素质。

（7）能够撰写维修工作报告，总结、反思、改进工作过程。

2. 故障诊断与排除

数控铣床维修实训设备加工工件时表面粗糙度超差，检测发现主轴锥孔的径向跳动超差，正常值为 0.008 mm，检测值为 0.03 mm。拆卸后发现为主轴前端轴承损坏，损坏原因为主轴前端密封件老化，密封性能丧失，冷却液进入主轴，造成轴承锈蚀，更换新轴承后即修复。下面重点介绍主轴部件的装配工艺过程，数控铣床维修实训设备主轴部件如图 2-17 所示。

1）主轴部件的装配

（1）装配前把所有装配部件清理干净。

（2）四个主轴轴承加入适量主轴专用润滑脂。

（3）主轴 10 前端面朝下竖立在工作台面（铺橡胶垫）上。

（4）安装前端盖轴承 4（轴承大口朝下）。

（5）安装内、外隔套 5、6。

（6）安装前端盖轴承 7（轴承大口朝上）。

（7）安装垫圈 8,紧固螺母 9。

（8）安装套筒 11(从上往下套装到主轴上)。

（9）安装主轴前端盖 3,并紧固。

（10）安装垫圈 12 和后端盖角接触球轴承 13、14(轴承 13 大口朝下,轴承 14 大口朝上)。

（11）安装主轴后端盖 15,并紧固。

（12）安装皮带轮 16。

（13）紧固螺母 17。

（14）安装主轴前端端面键 2,并紧固端面键螺栓 1。

（15）安装拉刀机构 18,其步骤见 2.4.1 节主轴拉刀机构拆装工艺。

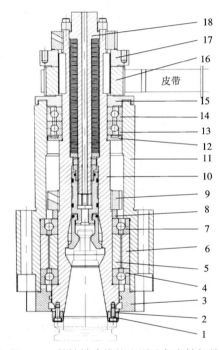

图 2-17　数控铣床维修实训设备主轴部件

1—端面键螺栓;2—端面键;3—前端盖;4、7、13、14—角接触球轴承;5—内隔套;6—外隔套;8、12—垫圈;
9、17—紧固螺母;10—主轴;11—套筒;15—后端盖;16—皮带轮;18—拉刀机构

2）主轴部件拆卸

主轴部件拆卸顺序可大体按装配顺序逆向操作。拆卸机床主轴部件时,应注意以下几点。

（1）主轴部件拆卸前的准备工作是将主轴箱停到一适当位置,下垫枕木支撑,防止机床断电时 Z 轴滚珠丝杠不能自锁,而造成主轴箱滑落。

（2）拆卸之前切断电源。

（3）拆卸后的零部件应进行清理和防锈处理,并妥善存放。

（4）在整个拆卸过程中,要注意拆卸工艺顺序。

主轴部件机械故障诊断与排除的经验分享：

（1）主轴组件中各零件均需用清洗液清洗干净；

（2）检查零件定位表面有无撞伤、划痕、锈斑，重点检查接触台阶面与轴承配合面；

（3）检查各锐边倒角，用手触摸光滑、顺畅，无棱角和锯齿感后才可装配；

（4）安装轴承时，需要注意轴承的安装方向；

（5）安装轴承时，必须接触到位，不能悬空。

知识、技能归纳

通过训练熟悉了主轴部件的机械结构，并亲身实践了主轴部件机构的拆装与调试，掌握了主轴部件机械故障的排除方法。

2.5.2 NC 启动电路故障诊断与排除

1. 拓展要求

（1）了解 NC 启动电路的工作原理。

（2）具有诊断与排除 NC 启动电路故障的能力。

（3）具有纪律观念和团队意识，以合作方式拟定诊断与修理计划。

（4）能够在故障诊断、检测及维修中严格执行相关技术标准规范和安全操作规程。

（5）具备环境保护和文明生产的基本素质。

（6）能够撰写维修工作报告，总结、反思、改进工作过程。

2. 故障诊断与排除

按下数控铣床维修实训设备操作面板上的按钮开关 SB2 时，NC 无法正常启动。NC 启动电路故障是数控机床电路控制中的典型故障之一。

NC 启动控制过程如下：机床上电—控制变压器通电—提供给开关电源 AC220 V 电压—开关电源输出 DC24 V 电压—按下操作面板上的按钮开关 SB2—继电器 KA9 的线圈得电—继电器 KA9 的常开触点闭合并自锁—NC 得电，系统启动。NC 启动电路如图 2-18 所示。

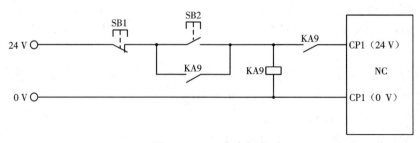

图 2-18 NC 启动电路

经检查发现，NC 启动电路中 KA9 的 14 端子断路，没有 0 V 信号，无法构成回路，机床无法启动。将 0 V 信号线接上后，开机启动，机床能够完成 NC 启动，显示开机界面。

NC 启动电路故障诊断与排除的经验分享：
（1）检查开关电源 DC24 V 输出是否正常；
（2）检查继电器 KA9 的线圈、常开触点和公共端的接线是否正确；
（3）检查停止按钮 SB1 的常闭接线是否正确；
（4）检查 NC 系统主板上 CP1 插头是否连接牢靠。

知识、技能归纳

通过训练熟悉了 NC 启动电路的电路结构，并亲身实践了 NC 启动电路的检查与测量，掌握了 NC 启动电路的故障排除方法。

思考练习

1. 简述主轴拉刀机构的工作原理。
2. 简述主轴拉刀机构的机械拆装工艺。
3. 简述刀库换刀电路控制过程。
4. 简述刀库换刀电气安装工艺。
5. 简述主轴部件的结构组成。
6. 简述主轴部件的装配过程。
7. 简述 NC 启动电路控制过程。
8. 设置 NC 启动电路连接故障，并简述故障现象。

项目 3 系统参数初始化

教学导航

知识重点	了解系统参数的分类,掌握系统参数的含义
知识难点	根据机床情况进行系统参数的设定
技能重点	系统参数初始化方法与步骤
技能难点	设定参数时,查阅技术手册能力
推荐教学方式	从工作任务入手,通过完成数控系统参数的设定来理解 FANUC 0iD 数控系统参数的类型、作用,并能够进行设置
推荐学习方法	通过参数初始化训练,掌握系统参数的设定知识与技能
建议学时	16 学时

3.1 项目导入

数控机床电气系统的硬件连接搭建起了机床的"肢体",需要通过对参数及可编辑机床控制器(PMC)程序的输入和调试,激活机床各部分的功能。FANUC 0iD 数控系统的基本参数设定主要包括设定存储行程限位参数,设定显示相关参数,初步设定进给速度参数,初步设定加/减速参数,设定伺服参数(伺服初始化),设定 FANUC 串行伺服总线(FSSB)等工作。针对数控铣床维修实训设备,通过完成系统参数初始化,来理解典型数控系统参数的类型、作用,并能够进行设置,从而达到实践的目的。

3.2 训练目标

1. 知识目标

(1)掌握数控系统常用参数的设定所涉及的专业知识,并理解基本参数的作用。

(2)掌握伺服系统硬件配置与参数设定的关系。

(3)理解在调试中出现的报警的含义,并能够排除报警。

(4)通过数控系统参数调试训练,掌握故障排除的常用方法。

2. 能力目标

（1）具备数控系统参数设定的能力。

（2）具备数控系统参数调试的能力。

3. 素质目标

（1）能够应用理论知识指导实践操作。

（2）具有自主分析问题和解决问题的能力。

（3）培养学生刻苦钻研、吃苦耐劳和团队合作精神。

3.3　知识学习

3.3.1　数控系统参数概述

1. 数控系统参数的定义及作用

数控系统的参数是数控系统用来匹配机床及数控功能的一系列数据。在 FANUC 0iD 数控系统中，参数可分为系统参数、PMC 参数。系统参数的功能由 FANUC 定义，按照一定功能进行分类，共有 93 类。PMC 参数是数控机床的 PLC 程序中使用的数据，如计时器、计数器、保持型继电器的数据，这些参数由机床厂家定义。这两类参数是数控机床正常工作的前提条件。

2. 系统参数的形式

系统参数有位、字节、字、双字等四种形式，有的还有实数型。系统参数的形式见表 3-1。

表 3-1　系统参数的形式

参数类型	数据类型	数据范围	备注
位型	位机械组型	0 或 1	
	位路径型		
	位轴型		
	位主轴型		
字节型	字节机械组型	−128~127 0~255	有的参数被作为不带符号的数据处理
	字节路径型		
	字节轴型		
	字节主轴型		
字型	字机械组型	−32 768~32 767 0~65 535	有的参数被作为不带符号的数据处理
	字路径型		
	字轴型		
	字主轴型		

参数类型	数据类型	数据范围	备注
双字型	双字机械组型	0～±999 999 999	有的参数被作为不带符号的数据处理
	双字路径型		
	双字轴型		
	双字主轴型		
实数型	实数机械组型	根据参数说明书设定	
	实数路径型		
	实数轴型		
	实数主轴型		

可根据数据类型,对参数进行如下分类。

(1)位型以及位机械组/路径/轴/主轴型参数,如图 3-1 所示。

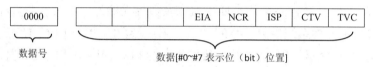

图 3-1 位型以及位机械组/路径/轴/主轴型参数

(2)上述位型以外的参数,如图 3-2 所示。

图 3-2 上述位型以外的参数

3. 参数页面的显示及参数编辑

参数显示页面如图 3-3 所示。

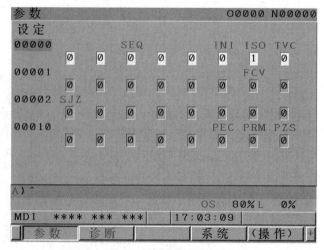

图 3-3 参数显示页面

1）系统参数的调用和显示

（1）按功能键【SYSTEM】，再按软键【参数】。

（2）按翻页键或光标键，找到期望的参数。

（3）或输入参数号，再按软键【检索】。

2）系统参数的设定（在 MDI 方式或急停情况下）

（1）关闭写参数保护：按功能键【OFFSET/SETTING】，再按【SETTING】，出现设定页面，将该页第一项参数"写参数"值设定为"1"，此时可以更改系统参数值。

（2）按功能键【SYSTEM】。

（3）按软键【参数】，通过参数调用和显示的方法找到期望的参数。

（4）输入期望的参数值，按【INPUT】。

（5）输入参数后，需要重新启动系统。

（6）重复（1）中的操作，将"写参数"值设定为"0"，打开写参数保护，如图 3-4 所示。

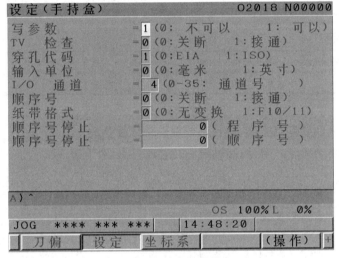

图 3-4　写参数保护

3.3.2　常用参数的含义

1. 设定数控系统的总控制轴数

| 8130 | 总控制轴数 |

数据形式：字节型。

数据范围：1~ 最大控制轴数。

注意：该参数设定后，需切断一次电源才可使设置生效。

2. 设定计算机数字控制（CNC）总控制轴数

| 1010 | CNC 总控制轴数 |

数据形式：字节型。

数据范围:2~4。

注意:该参数设定后,需切断一次电源才可使设置生效。

例如,数控系统的总控制轴数为4,分别为 X 轴、Y 轴、Z 轴和 C 轴,其中 X 轴、Y 轴、Z 轴为 CNC 和 PMC 控制的轴;C 轴为 PMC 控制的轴。则

No.8130=4

No.1010=3

即四轴三联动。

3. 设定轴名称参数

| 1020 | 各轴的程序名称 |

数据形式:字节轴型。

设定各控制轴的程序名称,见表3-2。

表 3-2　设定各控制轴的程序名称

轴名称	设定值	轴名称	设定值	轴名称	设定值	轴名称	设定值
X	88	U	85	A	65	E	69
Y	89	V	86	B	66		
Z	90	W	87	C	67		

4. 设定各轴返回参考点方向、线性轴或旋转轴属性参数

设定各轴返回参考点方向、线性轴或旋转轴属性参数,见表3-3。

表 3-3　设定各轴返回参考点方向、线性轴或旋转轴属性参数

	#7	#6	#5	#4	#3	#2	#1	#0
1006			ZMIx				ROSx	ROTx
			ZMIy				ROSy	ROTy
			ZMIz				ROSz	ROTz

注意:该参数设定后,需切断一次电源才可使设置生效。

数据形式:位轴型。

(1)ROTx 和 ROSx 用于设定是线性轴还是旋转轴,见表3-4。

表 3-4　ROTx 和 ROSx 的设置

ROS	ROT	轴类型
0	0	线性轴
0	1	旋转轴

（2）ZMI 用于设定各轴返回参考点方向。

0：返回参考点时往该轴正向移动。

1：返回参考点时往该轴负向移动。

5. 设定编程单位（公制、英制）

0000	#7	#6	#5	#4	#3	#2	#1	#0
			SEQ			INI		

数据形式：位型。

（1）INI 用于设定输入单位。

0：mm 输入。

1：inch 输入。

（2）SEQ 用于设定编程时是否自动插入顺序号。

0：不自动插入。

1：自动插入。

6. 设定行号增量

1001	#7	#6	#5	#4	#3	#2	#1	#0
								INM

注意：该参数设定后，需切断一次电源才可使设置生效。

数据形式：位型。

INM 用于设定线性轴的最小移动单位。

0：公制（公制系统机床）。

1：英制（英制系统机床）。

7. 设定 T 系列直径编程方式、半径编程方式

1006	#7	#6	#5	#4	#3	#2	#1	#0
					DIAx			

注意：该参数设定后，必须切断一次电源才可使设置生效。

仅适用于 T 系列。

数据形式：位轴型。

DIAx 用于设定在 X 轴上以直径方式或半径方式给定进给量。习惯上，车床采用直径编程方式。

0：X 轴坐标值为半径值。

1：X 轴坐标值为直径值。

8. 设定机床上刀具移动的最小输入单位和最小指令增量

最小输入单位是编程量的最小单位，即程序中坐标值的最小增量值。最小指令增量是机床上刀具移动的最小增量。这两种量的单位均为 mm、in 或（°）。

1013	#7	#6	#5	#4	#3	#2	#1	#0
							ISCx	ISAx

注意：该参数需要切断一次电源才可使设置生效。

数据形式：位型。

ISCx 和 ISAx 的设置,见表 3-5。

表 3-5　ISCx 和 ISAx 的设置

ISCx	ISAx	最小设定单位,最小移动单位	简称
0	0	0.001 mm、0.001° 或 0.001 in	IS-B
1	0	0.000 1 mm、0.000 1° 或 0.000 1 in	IS-C

9. 设定软限位参数

1320	各轴的存储行程限位 1 的正方向坐标值 I
1321	各轴的存储行程限位 1 的负方向坐标值 I

数据形式:实数轴型。

数据单位:mm、inch 或(°)。

数据范围:最小设定单位的 9 位数。(若是 IS-B,其范围为 -999 999.999~+999 999.999)

该参数为每个轴设定在存储行程限位 1 的正方向以及负方向的机械坐标系中的坐标值。

10. 设定 FANUC 系统反向补偿参数

1851	各轴的反向间隙补偿量

数据形式:字轴型。

数据单位:检测单位。

数据范围:-9 999~9 999。

设定各轴的反向间隙补偿量。

接通电源后,机床向返回参考点时相反的方向移动时,进行第一次反向间隙补偿。

11. 设定绝对位置检测器

	#7	#6	#5	#4	#3	#2	#1	#0
1013							ISCx	ISAx

注意:该参数设定后,必须切断一次电源才可使设置生效。

数据形式:位轴型。

(1)OPTx 用于设定位置检测器。

0:不使用分离型脉冲编码器。

1:使用分离型脉冲编码器。

(2)APZx 用于设定使用绝对位置检测器时,机械位置与绝对位置检测器的位置。

0:不一致。

1:一致。

(3)APCx 用于设定绝对位置检测器。

0:不使用绝对位置检测器。

1:使用绝对位置检测器(绝对位置编码器)。

当使用绝对位置检测器进行位置调整、更换编码器或绝对位置编码器电池电量过低报警后,机械位置与绝对位置不一致,需执行手动返回参考点动作,并修改后续设定。使用绝对位置检测器的机床建立机床参考点时,需要设定参数。

12.设定伺服环增益

1825	各轴的伺服环增益

数据形式:字轴型。

数据单位:0.01/s。

数据范围:1~9 999。

设定各轴的位置控制环的增益,即伺服系统位置环的放大倍数。

进行直线与圆弧等插补(切削加工)时,应将所有轴设定为相同的值。

机床只做定位时,各轴可设定不同的值。

伺服环增益越大,则位置控制的响应越快;但如果增益太大,则伺服系统不稳定。

13.设定到位置宽度

1826	各轴的到位置宽度

数据形式:双字轴型。

数据单位:检测单位。

数据范围:0~99 999 999。

设定各轴的到位置宽度,各轴到位置宽度即机床位置与指令位置的差(位置偏差量的绝对值)。当机床实际位置与指令位置的差比到位置宽度小时,即认为到位了。

14.设定各轴移动中的最大允许位置偏差量

1828	各轴移动中的最大允许位置偏差量

数据形式:双字轴型。

数据单位:检测单位。

数据范围:0~99 999 999。

各轴移动中位置偏差量超过移动中的最大允许位置偏差量时,会出现伺服报警,并立刻停止运行(和急停时相同)。通常在参数设定快速进给的位置偏差量时,考虑了富余量。

15.设定各轴停止时的最大允许位置偏差量

1829	各轴停止时的最大允许位置偏差量

数据形式:双字轴型。

数据单位:检测单位。

数据范围:0~99 999 999。

各轴停止时位置偏差量超过停止时的最大允许位置偏差量时,会出现伺服报警,并立刻停止运行(和急停时相同)。

16.设定栅格偏移量

1850	各轴的栅格位移量/参考点位移量

注意:该参数后设定,必须切断一次电源才可使设置生效。

数据形式：双字轴型。

数据单位：检测单位。

数据范围：-99 999 999~99 999 999。

该参数为每个轴设定使参考点位置偏移的栅格位移量或者参考点位移量。

可以设定的栅格量为参考计数器容量以下的值。

参数 SFDx（No.1008#4）为"0"时，成为栅格位移量；为"1"时，成为参考点位移量。

17. 设定机械坐标系设定参数

1240	在机械坐标系上的各轴第 1 参考点的坐标值
1241	在机械坐标系上的各轴第 2 参考点的坐标值
1242	在机械坐标系上的各轴第 3 参考点的坐标值
1243	在机械坐标系上的各轴第 4 参考点的坐标值

注意：该参数设定后，需切断一次电源才可使设置生效。

数据形式：双字轴型。

数据单位：见表3-6。

表 3-6　数据单位设定

设定单位	IS-B	IS-C	单位
公制机床	0.001	0.000 1	mm
英制机床	0.000 1	0.000 01	inch
旋转轴	0.001	0.000 1	deg

数据范围：最小设定单位的 9 位数。（若是 IS-B，其范围为 -999 999.999~+999 999.999）

设定第 1~ 第 4 参考点在机械坐标系中的坐标值。

18. 设定返回参考点速度控制

1425	各轴的手动返回参考点的FL（下限）速度

数据类型：实数轴型。

数据范围：若是 IS-B，其范围为 0.0~+999 000.0。

该参数设定的是各轴返回参考点减速后的运行速度。

1428	各轴的参考点返回速度

数据类型：双字轴型。

数据范围：若是 IS-B，其范围为 0.0~+999 000.0。

该参数设定的是各轴返回参考点的运行速度。

该参数设定的是有挡块返回参考点时，在建立参考点之前各轴的快速运行速度。

若各轴的该参数均设为"0"，则返回参考点时在建立参考点之前各轴的快速运行速度按 No.1420 中设定的各轴 G00 速度运行。

19. 设定切削过程中的速度控制

1420	各轴的快速移动速度

数据类型:实数轴型。

数据范围:若是 IS-B,其范围为 0.0~+999 000.0。

该参数设定的是快速运行倍率为 100% 时各轴的 G00 运行速度。

1421	各轴快速运行倍率的 F0 速度

数据类型:实数轴型。

数据范围:若是 IS-B,其范围为 0.0~+999 000.0。

该参数设定的是各轴快速运行倍率在 F0 挡的运行速度。

1430	各轴最大切削进给速度

数据形式:实数轴型。

No.1422 中设定的最大进给速度值在执行极坐标插补和圆柱插补指令时有效。

No.1430 中设定的最大进给速度值在执行直线插补和圆弧插补指令时有效。

若将 No.1430 中的参数全部设为 "0",则各种进给运动的最大速度值全部按 No.1422 中的设定执行。

1423	各轴手动连续进给（JOG 进给）时的进给速度

数据形式:实数轴型。

该参数设定的是进给速度倍率为 100% 时各轴 JOG 进给时的进给速度。

1424	各轴的手动快速移动速度

数据形式:实数轴型。

该参数设定的是进给速度倍率为 100% 时各轴 JOG 进给时的快速进给速度。

若 No.1424=0,则各轴 JOG 进给时的快速进给速度等于 No.1420 中设定的各轴 G00 运行速度。

3.4　任务实施

系统参数的初始化设定

新购置的数控系统,需要进行系统参数的初始化设定,此处以 YL569 数控铣床维修实训设备为例。该设备使用 FANUC 0i Mate-MD 数控系统进行参数设定。系统参数的初始化是指在系统参数为缺省值状态下,结合具体机床进行的参数设置与调试。

1. 训练要求

（1）掌握数控铣床维修实训设备系统参数的含义及作用。

（2）能够全清数控系统参数,恢复为缺省值状态。

（3）能够根据实训设备实际配置,熟练搜索、设定相关参数。

（4）能够制订工作计划，并按照要求填写相关表格。

2.CNC 系统显示语言参数设定

数控系统出厂时，参数为缺省值状态；也可以通过对系统进行全清操作使参数恢复为缺省值状态。全清操作的方法：同时按住系统的【 DELETE 】和【 RESET 】键，给系统通电，系统运行起来后，参数、程序等即被全部清除。参数初始化后打开机床，会出现报警界面，如图 3-5 所示。

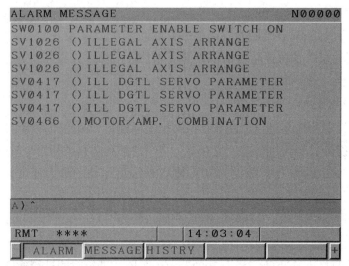

图 3-5　报警界面

为了方便使用，FANUC 0i Mate-MD 数控系统可以进行语言切换，即可以将目前所显示的语言切换为别的语言。这种语言切换除了修改参数外，还可以在不关机的情况下，在语言切换页面上改变指令，即可切换显示语言。设定参数 No.3280#0 可以动态切换显示语言：设定为"0"时，动态切换功能为有效；设定为"1"时，动态语言切换功能为无效，语言设定画面不予显示。当将参数设定为"1"时，在参数设定页面上改变参数（ No.3281 ）的设定后，通过再接通电源来切换至动态显示语言。

（1）使用参数 No.3281 来设定语言，参数值与语言的设定关系见表 3-7。

表 3-7　参数值与语言的设定关系

参数值	语言	参数值	语言	参数值	语言	参数值	语言	参数值	语言
0	英语	4	中文 （繁体字）	8	荷兰语	12	匈牙利语	16	俄语
1	日语	5	意大利语	9	丹麦语	13	瑞典语	17	土耳其语
2	德语	6	韩国语	10	葡萄牙语	14	捷克语		
3	法语	7	西班牙语	11	波兰语	15	中文 （简体字）		

注意：设定上述以外的编号时，显示语言为英语。

（2）通过语言设定页面切换语言,需保证参数 No.3280#0 为"0",才可使用该功能。语言设定页面的使用方法如下。

①按功能键【OFFSET/SETTING】。

②在面板上按向右功能键【>】,直到出现【LANG】,按级别选中面板上软键【LANG】—【OPRT】—【APPLY】。

（3）按翻页键和光标移动键,将光标移动到希望显示的语言处。

（4）按软键【确定】,即可切换为所选语言的显示。在此页面上指定的语言,即使在执行电源的 OFF/ON 操作之后也可以使用,如图 3-6 所示。

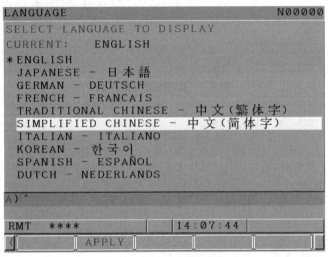

图 3-6　语言修改设定页面

3. 参数设定帮助页面的调用

在紧急停止状态下按【SYSTEM】键,然后按软键【+】几次,直到软键【PRM 设】出现,选中软键【PRM 设】,出现参数设定支援画面,如图 3-7 所示。其中的项目就是参数的设定调试步骤,按照项目依次设定参数即可。

通过参数设定支援页面的参数设定,依次完成下列各项参数的输入和调试。

1）轴设定

轴设定中有以下几个组,对每一组参数进行设定。

（1）BASIC(基本)组,其有关参数的设定见表 3-8。

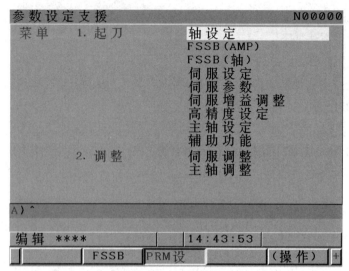

图 3-7 参数设定支援页面

表 3-8 基本组参数设定

组	参数号	简述	设定说明	机床设定值		
				X	Y	Z
基本	1001#0	直线轴的最小移动单位。 0:公制(公制机床)。 1:英制(英制机床)	一般为公制机床	0		
	1013#1	设定最小输入增量和最小指令增量。 0:IS-B(0.001 mm,0.001°,0.000 1 inch)。 1:IS-C(0.000 1 mm,0.000 1°,0.000 01 inch)	一般设定为 0	0	0	0
	1005#0	参考点没有建立时,在自动运行中指定除 G28 以外的移动指令,是否发生 P/S 224 报警。 0:出现报警(No.224)。 1:不出现报警	为了机床安全,一般设为 0	1	1	1
	1005#1	无挡块回参考点设定功能是否有效。 0:无效(各轴)。 1:有效(各轴)	0 为有挡块设定; 1 为无挡块设定	1	1	1
	1006#0	设定是线性轴还是旋转轴。 0:线性轴。 1:旋转轴		0	0	0
	1006#3	设定各轴的移动量类型是按半径指定还是按直径指定。 0:半径指定。 1:直径指定	车床的 X 轴设为 1	0	0	0
	1006#5	设定各轴返回参考点方向。 0:按正方向。 1:按负方向	脱离挡块后轴的移动方向	1	0	0

组	参数号	简述	设定说明	机床设定值		
				X	Y	Z
基本	1008#0	设定旋转轴的循环功能是否有效。 0:无效。 1:有效	设定坐标是否循环轮回	0	0	0
	1008#2	相对坐标值。 0:不按每一转的移动量循环显示。 1:按每一转的移动量循环显示		0	0	0
	1020	各轴的编程名称	88:X轴 89:Y轴 90:Z轴	88	89	90
	1022	基本坐标系中各轴的属性	1:X轴 2:Y轴 3:Z轴	1	2	3
	1023	各轴的伺服轴号	确定 CNC 轴和伺服电机的关系	1	2	3
	1815#1	设定是否使用分离型位置编码器。 0:不使用。 1:使用	接光栅尺或分离型旋转编码器时设为 1	0	0	0
	1815#4	使用绝对位置检测器时,机械位置与绝对位置检测器的位置。 0:不一致。 1:一致	使用绝对位置检测器时,初次调试时设为 0,通过移动机床使机械位置与绝对位置检测器的位置一致时设为 1	1	1	1
	1815#5	设定是否使用绝对位置检测器。 0:不使用。 1:使用	使用绝对位置检测功能时设为 1,需要硬件支持(绝对位置编码器)	1	1	1
	1825	各轴的伺服环增益	3 000~8 000,互相插补的轴必须设定一致	5 000		
	1826	各轴的到位宽度	20~50	50		
	1828	各轴停止时的最大允许位置偏差量	8 000~20 000 设定值 = 快移速度 / (60 × 回路增益)	10 000		
	1829	各轴移动中的最大允许位置偏差量	50~500	2 000		

(2)SPINDLE(主轴)组,其有关参数的设定见表 3-9。

表 3-9　主轴组参数设定

组	参数号	简述	设定说明	设定值
主轴	3716#0	指定主轴电机类型。 0:模拟。 1:串行		1
	3717	为各个主轴电机设定编号		1

（3）COORDINATE（坐标系）组，其有关参数的设定见表 3-10。

表 3-10　坐标系组参数设定

组	参数号	简述	设定说明	设定值		
坐标系	1240	在机械坐标系上的各轴第一参考点的坐标值	确立参考点在机械坐标系中的坐标	0		
	1241	在机械坐标系上的各轴第二参考点的坐标值	确立参考点在机械坐标系中的坐标，在本机床中，Z 值为刀库换刀点	0	0	-101
	1260	旋转每一周的移动量	一般设为 360 000，说明旋转轴转一圈坐标旋转 360°	0		
	1320	各轴存储行程限位 1 的正方向边界的坐标值	返回参考点后设定，基准是机床坐标系	999 999.000		
	1321	各轴存储行程限位 1 的负方向边界的坐标值	返回参考点后设定，基准是机床坐标系	-999 999.000		

（4）FEED RATE（进给速度）组，其有关参数的设定见表 3-11。

表 3-11　进给速度组参数设定

组	参数号	简述	设定说明	设定值
坐标系	1401#6	快速空运行是否有效。 0:无效。 1:有效		0
	1410	空运行速度及手动直线、圆弧插补的进给速度	一般情况下速度的设定单位是 mm/min	3 000
	1420	各轴快速运行速度		3 000
	1421	各轴快速运行倍率的 F0 速度		500
	1423	各轴手动连续进给(JOG 进给)时的进给速度		3 000
	1424	各轴的手动快速运行速度		5 000
	1425	各轴返回参考点的 F1 速度		500
	1428	回参考点速度		3 000
	1430	最大切削速度		6 000

（5）ACC/DEC（加/减速）组，其有关参数的设定见表 3-12。

表 3-12 加/减速组参数设定

组	参数号	简述	设定说明	设定值
加/减速	1610#0	切削进给的加/减速。 0:指数型加/减速。 1:插补后的直线型加/减速	一般设为 1	1
	1610#4	JOG 进给的加/减速。 0:指数函数。 1:与切削进给一样	一般设为 0	0
	1620	各轴快速进给的直线型加/减速时间常数	20~200,根据机床状况而定	100
	1622	各轴插补后切削进给的加/减速时间常数	20~200,根据机床状况而定	64
	1623	插补后切削进给的加/减速的 FL 速度（下限速度）	除特殊用途,所有轴值设定为 0	0.000
	1624	各轴 JOG 进给插补后的加/减速时间常数	20~200,根据机床状况而定	100
	1625	各轴 JOG 进给的指数型加/减速的 FL 速度	一般设为 0	20

2）FSSB 设定项

数控系统通过高速 FSSB 用一根光纤与多个伺服放大器进行连接,光纤连接实现了光电隔离,提高了可靠性和抗干扰性,也减少了连接电缆的数量。数控及伺服硬件连接完成后,第一次调试时需要通过 FSSB 设定参数激活该连接。

（1）FSSB（AMP）设定:进入参数设定支援页面,按软键【操作】,将光标移动到"FSSB（AMP）"项,按软键【选择】,出现放大器设定页面,设定完成相关项目后,按软键【操作】,再按软键【设定】,如图 3-8 所示。数控系统如果不能通过 FSSB 检测到伺服模块,参数页面就不会出现伺服相关信息,需检查硬件问题。

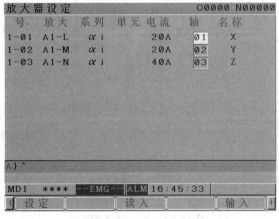

图 3-8 FSSB（AMP）设定

（2）FSSB（轴）设定：进入参数设定支援页面，按软键【操作】，将光标移动到"FSSB（轴）"项，按软键【选择】，出现轴设定页面（数控机床半闭环的连接情况下，不用修改数据）。设定完成相关项，按软键【设定】，如图3-9所示。

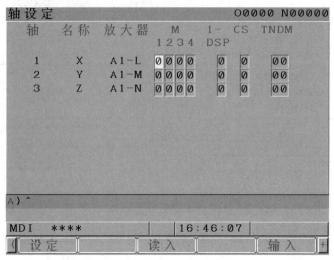

图3-9　FSSB（轴）设定

3）伺服的初始化设定

在急停状态下，进入参数支援页面，按软键【操作】，将光标移动到"伺服设定"处，按软键【选择】，出现伺服设定页面，按软键【切换】后，进入初始化设定界面。在此页面进行如下设定。

（1）初始化设定位：数控系统接通电源时，系统自动将各轴的初始化设定位参数均默认为00000010。当需要对伺服参数初始化时，则初始化设定位各轴对应为00000000，如图3-10所示。

伺服设定		N00000
	X 轴	Y 轴
初始化设定位	00000000	00000000
电机代码.	258	258
AMR	00000000	00000000
指令倍乘比	2	2
柔性齿轮比	1	1
(N/M) M	100	100
方向设定	111	-111
速度反馈脉冲数.	8192	8192
位置反馈脉冲数.	12500	12500
参考计数器容量	10000	10000

A) ^

编辑 ****　　　　　　09:51:43

（　　　　ON:1　OFF:0　　　　输入　+

图3-10　伺服设定页面

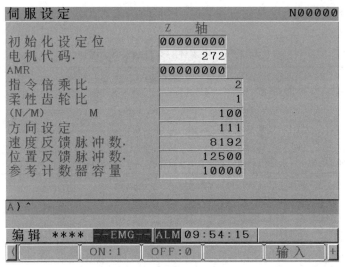

图 3-10　伺服设定页面(续)

（2）电机代码:按照伺服电机铭牌型号和伺服驱动放大器铭牌型号,查阅《伺服电机参数说明书》,找到相应电机代码,输入该代码数值,如图 3-11 所示。

电机型号	电机图号	驱动放大器	电机形式号	90B0	9096
β0.2/5000is	0210	4A	(260)	(N)	*
β0.3/5000is	0211	4A	(261)	(N)	*
β0.4/5000is	0114	20A	(280)	(N)	*
β0.5/5000is	0115	20A	181(281)	N	D
β1/5000is	0116	20A	182(282)	N	D
β2/4000is	0061	20A	153(253)	V	F
		40A	154(254)	V	F
β4/4000is	0063	20A	156(256)	V	F
		40A	157(257)	V	F
β8/3000is	0075	20A	158(258)	V	F
		40A	159(259)	V	F
β12/3000is	0078	40A	172(272)	V	F
β22/2000is	0085	40A	174(274)	V	F

图 3-11　β is 系列伺服电机代码

（3）AMR:该参数相当于伺服电机极数参数,设定为 00000000。

（4）指令倍乘比:设定从 CNC 到伺服系统的移动量的指令倍率。设定值 =(指令单位 / 检测单位)×2,通常指令单位等于检测单位,因此将该参数设为 2。

（5）柔性齿轮比。

半闭环时:

柔性齿轮比 = 电机每旋转一周所需的位置脉冲数 /1 000 000

式中:分母是指电机每旋转一周轴的移动量。

例如,当直线轴电机与滚珠丝杠 1∶1 直连接时的柔性齿轮比数据见表 3-13。

表 3-13　半闭环时柔性齿轮比示例

检测单位 /μm	滚珠丝杠的导程 /mm					
	6	8	10	12	16	20
1	6/1 000	8/1 000	10/1 000	12/1 000	16/1 000	20/1 000
0.5	12/1 000	16/1 000	20/1 000	24/1 000	32/1 000	40/1 000
0.1	60/1 000	80/1 000	100/1 000	120/1 000	160/1 000	200/1 000

全闭环时:

柔性齿轮比 = 适用于位置控制的脉冲 / 光栅尺的输出脉冲

式中:分子(适用于位置控制的脉冲),由于检测单位为 1 μm,输出脉冲为 1 脉冲,所以分母为 2。

例如,使用 0.5 μm 光栅尺检测 1 μm 的情况,对于 1 μm 的移动,光栅尺输出脉冲为 1 μm/0.5 μm=2 脉冲。由光栅尺分辨率与数控检测单位确定的柔性齿轮比见表 3-14。

表 3-14　全闭环时柔性齿轮比示例

检测单位 /μm	光栅尺的分辨率 /μm			
	1	0.5	0.1	0.05
1	1/1	1/2	1/10	1/20
0.5	—	1/1	1/5	1/10
0.1	—	—	1/1	1/2

(6)方向设定:

111——从脉冲编码器看电机轴沿顺时针方向旋转;

-111——从脉冲编码器看电机轴沿逆时针方向旋转。

(7)速度反馈脉冲数:

半闭环控制时,速度反馈脉冲数为 8 192(固定值);

全闭环控制时,(并行、串行光栅尺)速度反馈脉冲数为 8 192(固定值)。

(8)位置反馈脉冲数:

半闭环控制时,位置反馈脉冲数为 12 500(固定值);

全闭环控制时,位置反馈脉冲数来自电机每旋转一周光栅尺的反馈脉冲数。

例如,在使用螺距为 10 mm 的滚珠丝杠(直接连接)、具有 1 脉冲 0.05 μm 的分辨率(海德汉光栅尺 LC193 F/50 nm)的外设检测器的情形下,电机每旋转一周的反馈脉冲数 =10 000/0.05=200 000。系统要求位置脉冲数的计算值大于 32 767 时,使用位置脉冲转换系数(No.2185),以位置脉冲数和转换系数这两个参数的乘积设定位置反馈脉冲数。因此,设定 No.2024=20 000,No.2185=10。

（9）参考计数器容量:在进行栅格方式返回参考点时设定参考计数器。

半闭环时:

参考计数器容量 = 电机每旋转一周所需的位置脉冲数（1∶1 连接时）×
（栅格间隔 / 检测单位）

栅格间隔 = 脉冲编码器 1 转的移动量

全闭环时:

参考计数器容量 =Z 方向（参考点）的间隔 / 检测单位

4）主轴设定

（1）按下机床紧急停止按钮,在确保机床安全的情况下,进入【参数】设定页面,将光标移动至"主轴设定"处,按软键【操作】,按软键【选择】,出现主轴设定页面,按软键【切换】后,如图 3-12 所示。

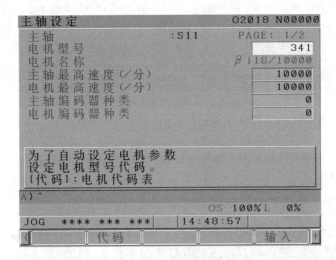

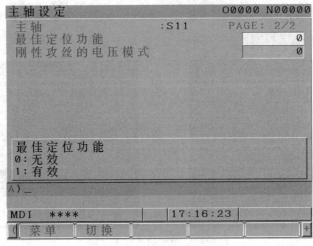

图 3-12　主轴设定界面

（2）按软键【代码】，显示电机代码一览页面，如图 3-13 所示。软键【代码】在光标位于电机型号项目时显示。此外，要从电机型号一览页面返回到上一页面，按软键【返回】即可。切换电机型号一览页面时，显示电机型号代码所对应的电机名称和放大器（功放）名称。将光标移动到希望设定的代码编号，按软键【选择】，输入完成即可。

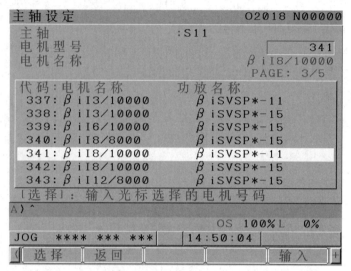

图 3-13 电机代码一览页面

5）辅助功能

在急停状态下，进入参数设置页面，按软键【操作】，将光标移动到"辅助功能"处，按软键【选择】，出现辅助功能参数设定页面，按软键【切换】后，进入辅助功能（MISC）界面，如图 3-14 所示。辅助功能组见表 3-15，具体参数设定填写在表 3-16 中。

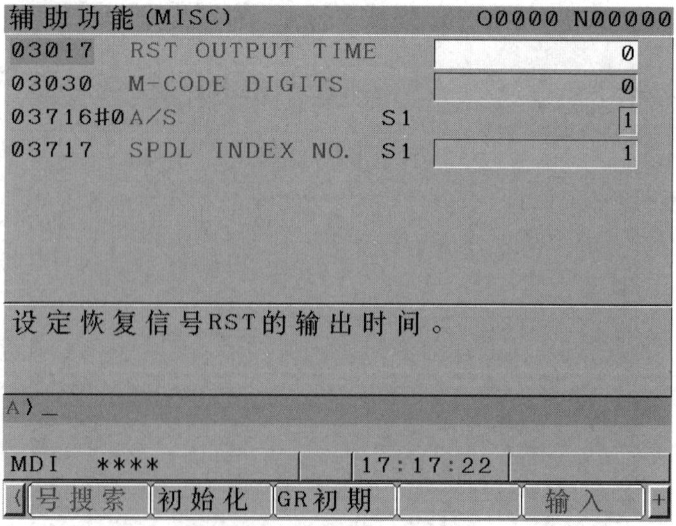

图 3-14 辅助功能设定界面

表 3-15　辅助功能组

组	参数号	简述	设定说明	设定值
辅助功能	3017	设定恢复信号 RST 的输出时间	RST 信号的输出时间 = 复位处理所需时间 + 参数设定值 × 16 ms	0
	3030	M 代码的允许位数	标准设定值:3 位	2
	3716#0	指定主轴电机类型。 0:模拟主轴。 1:串行主轴	根据机床实际情况进行设定	0
	3717	各主轴的主轴放大器号	0:放大器尚未连接; 1:使用连接于 1 号放大器号的主轴电机; 2:使用连接于 2 号放大器号的主轴电机; 3:使用连接于 3 号放大器号的主轴电机	1

表 3-16　参数设定记录表

步骤	正常参数设定过程记录	遇到的问题和解决的方法
轴设定		
FSSB(AMP)		
FSSB(轴)		
伺服设定		
主轴设定		
辅助功能		

教师、学生可按照表 3-17 对本次实训进行评分。

表 3-17　系统参数初始化设定评分表

班级_____		工作形式 □个人　□小组分工　□小组		实践工作时间_____
训练项目	训练内容	训练要求	学生自评	教师评分
系统参数初始化设定	1. 数控系统参数调试训练表(30 分)	参数设定正确无误		
	2. 工作计划(30 分)	工作计划制订合理,操作步骤正确		
	3. 调试运行记录(15 分)	调试运行记录详细		
	4. 调试运行问题(15 分)	通电过程符合操作要求,没出现问题;参数输入过程操作熟练,遇到问题能够独立解决;再通电,能够独立完成控制要求的检查,遇到问题能够独立解决		
	5. 职业素养与安全意识(10 分)	现场操作符合安全操作规程;团队既有分工又有合作,配合紧密;遵守纪律、尊重教师,爱惜设备和器材,保持工位的整洁		

参数设置的经验分享：

（1）一类参数查手册就可以设置，如 No.1006#3、No.1020；

（2）一类参数要通过计算得到，如指令倍乘比、No.1828；

（3）一类参数要观察机床动作及配置判定，如 No.1815#4、伺服设定中电机方向。

3.5　技能拓展

其他参数设置

1. 拓展要求

（1）掌握数控铣床维修实训设备其他参数设定方法。

（2）具有调试数控铣床维修实训设备其他参数的能力。

（3）具有纪律观念和团队意识，以合作方式拟定参数设定及调试计划。

（4）能够在参数设定及调试中严格执行相关技术标准规范和安全操作规程。

（5）具备环境保护和文明生产的基本素质。

（6）能够撰写参数设定及调试工作报告，总结、反思、改进工作过程。

2. 轴锁定参数

FANUC 0i Mate-MD 数控系统设定完成上述参数后，机床手动进给各轴不能移动，还需设定以下参数。

按【SYSTEM】—【参数】，设定表 3-18 所示参数。

表 3-18　轴锁定参数

参数号	设定值
1800#1	1
3003#0	1
3003#2	1
3003#3	1
3004#5	1

以上参数说明如下。

	#7	#6	#5	#4	#3	#2	#1	#0
1800				RBK	FFR		CVR	

数据形式：位型。

CVR：在位置控制就绪信号 PRDY 被置于 ON 之前，速度控制就绪信号 VRDY 被置于 ON 时，"0"为出现伺服报警，"1"为不出现伺服报警。

	#7	#6	#5	#4	#3	#2	#1	#0
3003			DEC		DIT	ITX		ITL

数据形式:位型。

ITL:使所有轴互锁信号,"0"为有效,"1"为无效。

ITX:使各轴互锁信号,"0"为有效,"1"为无效。

DIT:使不同轴向互锁信号,"0"为有效,"1"为无效。

DEC:返回参考点减速信号(*DEC1—*DEC4),"0"即在信号为 0 时减速,"1"即在信号为 1 时减速。

	#7	#6	#5	#4	#3	#2	#1	#0
3004			OTH				BCY	BSL

OTH:是否进行超程信号的检查,"0"为进行,"1"为不进行。

3. 手轮参数

经上述参数设定后,JOG 方式机床 X、Y、Z 轴可移动,但手轮操作不能移动,需设定表 3-19 所示参数,使手轮有效可用。

表 3-19　手轮参数

参数号	设定值
8131#0	1
7113	100
7114	1000

以上参数说明如下。

	#7	#6	#5	#4	#3	#2	#1	#0
8131				NLV	AOV	EDC	F1D	HPG

注意:该参数设定后,要切断一次电源才可使设置生效。

数据形式:位型。

HPG:手轮进给是否使用,"0"为不使用,"1"为使用。

7113	手轮进给倍率 m

数据形式:字型。

数据单位:倍。

数据范围:1~2 000。

设定手轮进给移动量选择信号 MP1 为 0,MP2 为 1 时的倍率 m。

7114	手轮进给倍率 n

数据形式:字型。

数据单位:倍。

数据范围:1~2 000。

设定手轮进给移动量选择信号 MP1 和 MP2 均为 1 时的倍率 n。

4. 主轴电机最高钳制速度参数

经上述参数设定后，如果是铣床，需设定表 3-20 所示参数，否则主轴不旋转。

表 3-20　主轴电机最高钳制速度参数

参数号	设定值
3736	4095

以上参数说明如下。

3736	主轴电机最高钳制速度

数据形式：字型。

数据范围：0~4 095。

设定主轴电机最高钳制速度：

设定值 =（主轴电机最高钳制转速 / 主轴电机最大转速）× 4 095

5. 显示画面参数

为了方便操作者使用机床，还要对一些显示参数进行设置，将机床的相关状态予以显示，具体见表 3-21。

表 3-21　显示画面参数

参数号	设定值	说　明
3105#0	1	实际进给速度显示
3105#2	1	实际主轴转速和 T 代码显示
3106#4	1	操作历史画面显示
3106#5	1	主轴倍率值显示
3108#6	1	显示主轴负载表
3108#7	1	位置显示画面和程序检查画面上显示 JOG 进给或空运行速度
3111#0	1	伺服设定画面的软键显示
3111#1	1	主轴设定画面的软键显示
3111#2	1	主轴调整画面显示
3111#5	1	操作监控画面显示
3112#2	1	外部操作信息历史画面显示

思考练习

1. 如何进行参数写保护的操作？

2. 与进给轴速度相关的参数有哪些？

3. 电机代码如何定义查找？

4. 电机的方向参数如何判断?

5. 手轮的相关参数有哪些?

6. 与返回参考点相关的参数有哪些?

7. 与显示相关的参数有哪些?

8. 与主轴相关的参数有哪些?

9. 参数设定支援页面中辅助功能的参数有哪些?

10. 系统参数的全清方法。

项目 4　数控机床精度的检测

教学导航

知识重点	掌握几何精度检测工具的使用方法,掌握步距规和激光干涉仪的使用方法
知识难点	激光干涉仪的使用方法
技能重点	机床调平,加工中心几何精度检测,加工中心位置精度检测及补偿
技能难点	使用激光干涉仪检测加工中心位置精度
推荐教学方式	从国际标准入手,通过对加工中心几何精度和位置精度的验收标准的解读,使学生掌握机床调平、加工中心几何精度和位置精度的检测方法,并学会几何精度检测工具、步距规、激光干涉仪的使用方法
推荐学习方法	通过对相关检测工具的学习,基本掌握机床调平、加工中心几何精度和位置精度检测的方法
建议学时	16 学时

4.1　项目导入

　　数控机床调平是数控机床安装与验收的基础和必不可少的调整环节,数控机床精度检测是在数控机床水平调试好后进行的,检测内容主要包括几何精度、位置精度和切削精度。

　　数控机床的几何精度综合反映了该机床的各关键零部件及其组装后的几何形状误差。几何精度检测必须在机床精调后一次性完成,不允许调整一次检测一次,因为几何精度有些项目是相互联系、相互影响的。位置精度是指机床刀具趋近目标位置的能力,它是通过对测量值进行数据统计分析处理后得出的结果,一般由定位精度、重复定位精度及反向间隙三部分组成。

4.2 训练目标

1. 知识目标

（1）掌握数控机床的验收内容。

（2）掌握加工中心精度检测方法。

（3）掌握加工中心的几何精度检测标准。

（4）掌握加工中心的位置精度检测标准。

2. 能力目标

（1）具备正确使用检测工、量具的能力。

（2）具备数控机床调平的能力。

（3）具备加工中心几何精度检测的能力。

（4）具备加工中心位置精度检测的能力。

3. 素质目标

（1）能够应用理论知识指导实践操作。

（2）具有自主分析问题和解决问题的能力。

（3）培养学生刻苦钻研、吃苦耐劳和团队合作精神。

4.3 知识学习

4.3.1 常用检测工具

1. 几何精度检测工具

常用几何精度检测工具有精密水平仪、精密方箱、直角尺、平尺、百分表、高精度检验棒等，见表4-1。检测工具的精度必须比所测几何精度高一个等级。要注意检测工具和测量方法造成的误差，如表架的刚性、检验棒自身的振摆和弯曲等造成的误差。

1）水平仪的使用方法

水平仪是一种测量小角度的常用量具，在机械行业和仪表制造中，用于测量相对于水平位置的倾斜角、机床类设备导轨的平面度和直线度、设备安装的水平位置和垂直位置等。

I. 类型

按水平仪的外形不同，可分为框式水平仪和钳工水平仪两种，如图4-1所示。按水平仪的工作原理不同，可分为气泡水平仪和电子水平仪两种。

表 4-1　常用几何精度检测工具

序号	名称	图示
1	水平仪	
2	平尺	
3	方尺	
4	角尺	
5	百分表	
6	高精度检验棒	

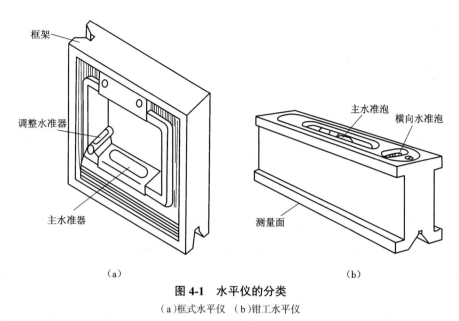

图 4-1　水平仪的分类

（a）框式水平仪　（b）钳工水平仪

II. 工作原理

气泡水平仪是检验机床安装面或平板是否水平及测知倾斜方向与角度的测量仪器。其外部是用高级钢料制造的框架座,经精密加工后,其框架底座必须平整,座面中央装有主水准器,为纵长圆曲形状的玻璃管,在左上端附加横向水准器,为小型水平玻璃管,玻璃管内充满黏性系数较小的液体,如酒精、乙醚及其混合液等,并留有一小气泡,气泡在管中永远处于最高点。

实训室的水平仪精度为 0.02 mm/1 000 mm。测量时使水平仪测量面紧贴被测表面,待气泡静止后方可读数。

水平仪的分度值是主水准泡的气泡移动一个刻度所产生的倾斜比,用以 1 m 为基准长的倾斜高与底边的比表示。如需测量长度为 L 的实际倾斜值,则可通过下式进行计算:

实际倾斜值 = 标称分度值 × L × 偏差格数

例如,水平仪标称分度值为 0.02 mm/1 000 mm,L=200 mm,偏差格数为 2,则实际倾斜值为 0.02/1 000 × 200 × 2=0.008 mm。

III. 使用方法

在使用水平仪时,应注意以下事项。

（1）使用前,应认真擦拭测量面并去除油渍,检查测量面是否有划伤、锈蚀、毛刺等缺陷,并进行零位检查。水平仪零位检查和调整的方法如下:将被检水平仪放在已调到大致水平位置的平板上（或机床导轨上）,紧靠定位块,待气泡静止后,记下气泡一端的读数 a_1,然后按水平方向调转 180°,准确地放在原位置,按照第一次读数记下气泡另一端的读数 a_2,两次读数差的一半则为零位误差,即（a_1-a_2）/2 格。如果零位误差超过许可范围,则需调整零位机构。

（2）测量时,应尽量避免温度的影响,水平仪内液体对温度影响较敏感,因此应注意手热、阳光直射、哈气等因素对水平仪的影响。

（3）读数时，应在垂直水准泡的位置上进行读数，以减少视差对测量结果的影响。

（4）使用完毕，应进行防锈处理，放置时注意防振、防潮。

2）百分表的使用方法

I. 工作原理

百分表的工作原理是将测杆的直线位移，经过齿条－齿轮传动，转变为指针的角位移。百分表主要用于直接或比较测量工件的长度尺寸、几何形状偏差，也可用于检验机床几何精度或调整加工工件装夹位置偏差。实训室的百分表测量范围为 0~10 mm，测量精度为 0.01 mm。

II. 使用方法

在使用百分表时，应注意以下事项。

（1）使用前，应先检查百分表是否在受控范围内，检查测杆活动的灵活性。即轻轻推动测杆时，测杆在套筒内的移动要灵活，没有任何卡滞现象，每次手松开后，指针都能回到原来的刻度位置。

（2）使用时，百分表应固定在可靠的表架上，根据测量需要，可选择带平台的表架或万能表架；夹紧力不宜过大，以免使装夹套筒变形而卡住测杆，应检查测杆移动是否灵活；夹紧后，不可再转动百分表。

（3）百分表测杆与被测工件表面必须垂直，否则将产生较大的测量误差。测量圆柱形工件时，测杆轴线应与圆柱形工件直径方向一致。

（4）测量时，应轻轻提起测杆，把工件移至测头下面，缓慢下降测头，使之与工件接触，不准把工件强迫推至测头，也不准过急下降测头，以免产生瞬时冲击测力，给测量带来误差。在测头与工件表面接触时，测杆应有 0.3~1 mm 的压缩量，以保持一定的起始测量力。

（5）测量时，不要使测杆的行程超过其测量范围，也不要用百分表测量表面粗糙度较大或有显著凹凸不平的工件。

（6）测杆上不要加油，以免油污进入百分表内，而影响百分表的传动件和测杆移动的灵活性。

2. 位置精度检测工具

数控机床的定位精度和重复定位精度可采用步距规及激光干涉仪进行检测，如图 4-2 所示。

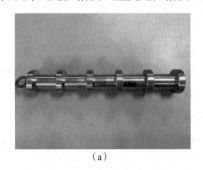
（a）

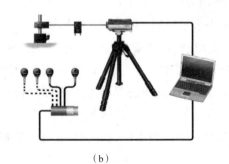
（b）

图 4-2　数控机床的定位精度和重复定位精度检测工具

（a）步距规　（b）激光干涉仪

步距规尺寸 P_1、P_2、$\cdots$、P_5 按 93 mm 间距设计,加工后测量出 P_1、P_2、$\cdots$、P_5 的实际尺寸作为定位精度检测时的目标位置坐标(测量基准),如图 4-3 所示。

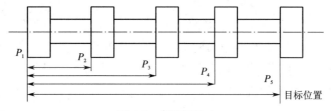

图 4-3　步距规尺寸

实训室所用步距规的实际尺寸,见表 4-2。

表 4-2　步距规的实际尺寸

位置	P_1	P_2	P_3	P_4	P_5
间距尺寸 /mm	0	92.593	92.997	93.003	92.991
实际尺寸 /mm	0	92.593	185.590	278.593	371.584

4.3.2　机床调平的检测方法

1. 检测工具
精密水平仪。

2. 检验方法(图 4-4)
(1)将工作台置于导轨行程的中间位置,两个水平仪分别沿 X 和 Y 坐标轴置于工作台中央,调整机床垫铁高度,使水平仪水准泡处于读数中间位置。

(2)分别沿 X 和 Y 坐标轴全行程移动工作台,观察水平仪读数的变化,调整机床垫铁的高度,使工作台沿 X 和 Y 坐标轴全行程移动时水平仪读数的变化范围小于 2 格,且读数处于中间位置即可。

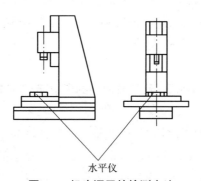

水平仪

图 4-4　机床调平的检测方法

4.3.3 几何精度的检测方法

1. 国家标准

数控机床的几何精度综合反映机床主要零部件组装后线和面的形状误差、位置误差或位移误差,根据《机床检验通则 第 1 部分:在无负荷或精加工条件下机床的几何精度》(GB / T 17421.1—1998)国家标准的说明有五类。

1)直线度

(1)一条线在一个平面或空间内的直线度,如数控卧式车床床身导轨的直线度。

(2)部件的直线度,如数控升降铣床工作台纵向基准 T 形槽的直线度。

(3)直线运动,如立式加工中心在 X 轴运动方向上的位置偏差。

(4)测量方法:

①长度测量方法有平尺法、钢丝和显微镜法、准直望远镜法、准直激光法和激光干涉法;

②角度测量方法有精密水平仪法、自准直仪法和激光干涉仪法。

2)平面度(如立式加工中心工作台面的平面度)

平面度测量方法有用平板测量、用平尺测量、用精密水平仪测量、用光学方法测量和用坐标测量机测量。

3)平行度、等距度、重合度

(1)线和面的平行度,如数控卧式车床顶尖轴线对主刀架溜板移动的平行度。

(2)运动的平行度,如立式加工中心工作台面和 X 轴轴线间的平行度。

(3)等距度,如立式加工中心定位孔与工作台回转轴线的等距度。

(4)同轴度或重合度,如数控卧式车床工具孔轴线与主轴轴线的重合度。

(5)测量方法有平尺和指示器法、精密水平仪法、指示器和检验棒法。

4)垂直度

(1)直线和平面的垂直度,如立式加工中心主轴轴线和 X 轴轴线运动间的垂直度。

(2)运动的垂直度,如立式加工中心 Z 轴轴线和 X 轴轴线运动间的垂直度。

(3)测量方法有平尺和指示器法、角尺和指示器法、光学法(采用自准直仪、光学角尺、反射器完成)。

5)旋转

(1)径向圆跳动,如数控卧式车床主轴轴端的卡盘定位锥面的径向圆跳动,或主轴定位孔的径向圆跳动。

(2)周期性轴向窜动,如数控卧式车床主轴的周期性轴向窜动。

(3)端面跳动,如数控卧式车床三爪自定心卡盘定位端面的跳动。

(4)测量方法有指示器法、检验棒和指示器法、钢球和指示器法。

2. 加工中心几何精度检测方法

2014 年,全国"数控机床装调、维修与升级改造"赛项中要求将数控铣床维修实训设备升级改造为数控加工中心,因此在对该设备的几何精度进行验收时,采用加工中心几何精度检验标准。

加工中心几何精度的检测标准有国家标准《加工中心检验条件 第 2 部分:立式或带垂直主回转轴的万能主轴头机床几何精度检验(垂直 Z 轴)》(GB/T 18400.2—2010),原行业内部标准《加工中心检验条件 第 2 部分:立式加工中心几何精度检测》(JB/T 877.1—1998),还有企业自己的几何精度检验标准等。在这些标准中规定了加工中心的几何精度、位置精度和切削精度的要求及检验方法。

参照标准 GB/T 18400.2—2010,数控铣床维修实训设备在验收时所需检测的几何精度项目及方法,见表 4-3。

表 4-3　数控铣床维修实训设备几何精度检测项目及方法

序号	检测项目		简图	允许公差/mm	检测工具	检测方法
G1	X 轴线运动的直线度	a. 在 Z-X 垂直平面内		a 和 b:0.010 局部公差:在任意 300 mm 测量长度上为 0.007	平尺、百分表	1. 将百分表固定在主轴或主轴箱的固定部位上 2. 平尺置于工作台面 (1) 置于 Z-X 平面且平行于 X 轴线 (2) 置于 X-Y 平面且平行于 X 轴线 3. 工作台沿 X 轴线方向移动,记录百分表读数最大差值
		b. 在 X-Y 水平面内				

续表

序号	检测项目	简图	允许公差 /mm	检测工具	检测方法
G2	Y轴线运动的直线度	a. 在 Y-Z 垂直平面内 b. 在 X-Y 水平面内	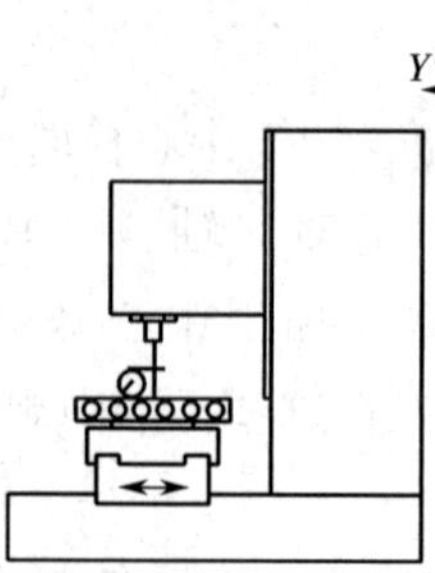 a 和 b：0.010 局部公差：在任意 300 mm 测量长度上为 0.007	平尺、百分表	1. 将百分表固定在主轴或主轴箱的固定部位上 2. 平尺置于工作台面 （1）置于 Y-Z 平面且平行于 Y 轴线 （2）置于 X-Y 平面且平行于 Y 轴线 3. 工作台沿 Y 轴线方向移动，记录百分表读数最大差值
G3	Z轴线运动的直线度	a. 在平行于 Y 轴线的 Y-Z 垂直平面内 b. 在平行于 X 轴线的 Z-X 垂直平面内	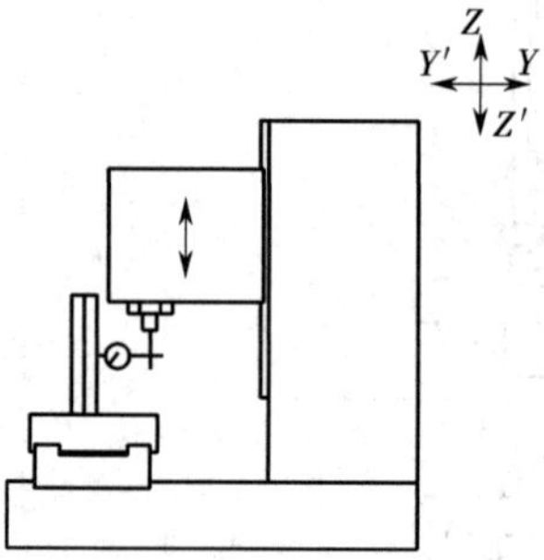 a 和 b：0.010 局部公差：在任意 300 mm 测量长度上为 0.007	直角尺、百分表	1. 将工作台置于中间位置，百分表固定在主轴或主轴箱的固定部位上 2. 直角尺置于工作台面 （1）置于 Y-Z 平面且平行于 Y 轴线 （2）置于 Z-X 平面且平行于 X 轴线 3. 主轴沿 Z 轴线方向移动，记录百分表读数最大差值

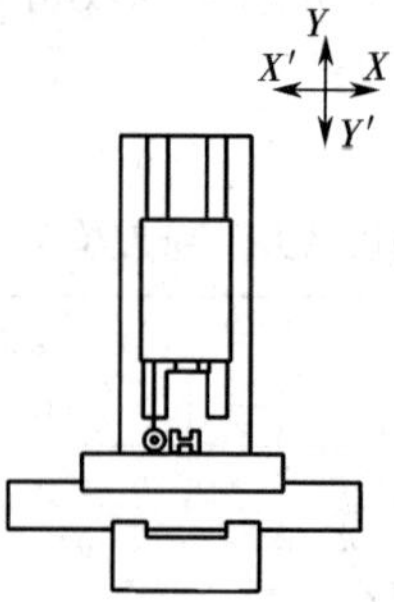

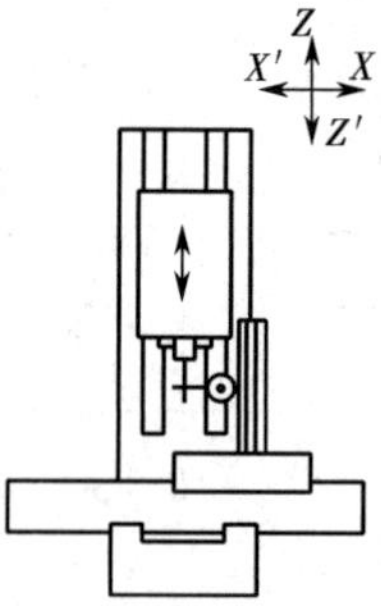

序号	检测项目		简图	允许公差 /mm	检测工具	检测方法
G4	X 轴线运动的角度偏差	a. 在平行于移动方向的 Z-X 垂直平面（俯仰）	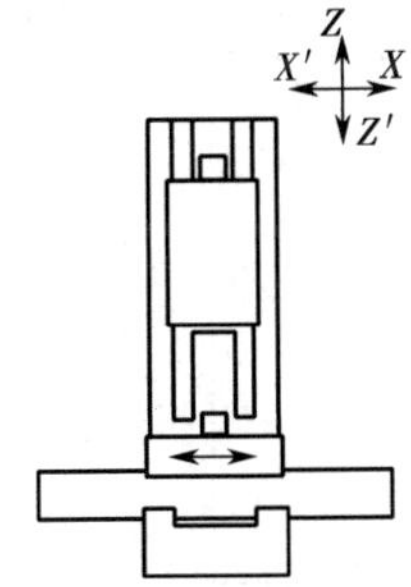	a,b 和 c: 0.060/1 000（或 12″） 局部公差：在任意 500 mm 测量长度上为 0.030/1 000（或 6″）	精密水平仪	1. 将精密水平仪放置在运动部件（工作台）上 （1）俯仰（纵向） （2）偏摆（水平） （3）倾斜（横向） 2. 当 X 轴线运动引起主轴箱和工作台同时产生角度偏差时,这两种角度偏差应分别测量并给予标明,基准水平仪（使用时）应放置在非运动部件（主轴箱）上 3. 沿行程在等距离的 5 个位置上检测 4. 在每个位置的两个运动方向测取读数,最大与最小读数的差值应不超过公差
		b. 在 X-Y 水平面内（偏摆）				
		c. 在垂直于移动方向的 Y-Z 垂直平面内（倾斜）				

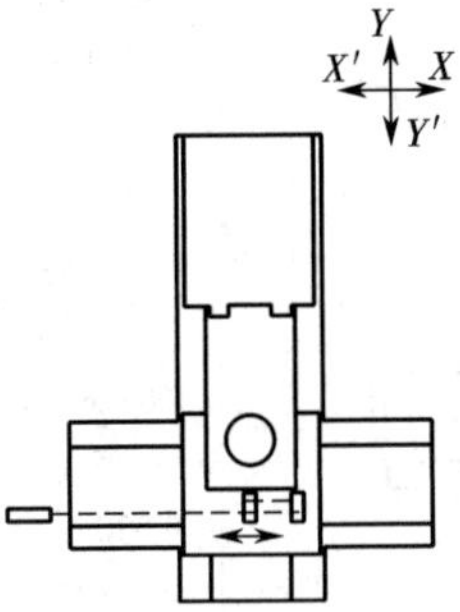

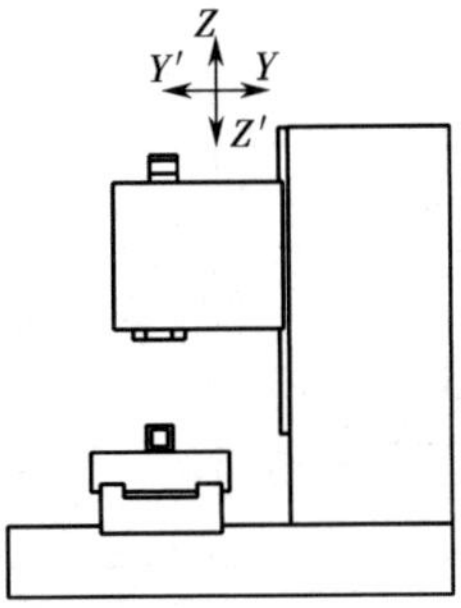

序号	检测项目	简图	允许公差 /mm	检测工具	检测方法
G5	Y轴线运动的角度偏差	a. 在平行于移动方向的 Z-Y 垂直平面(俯仰)	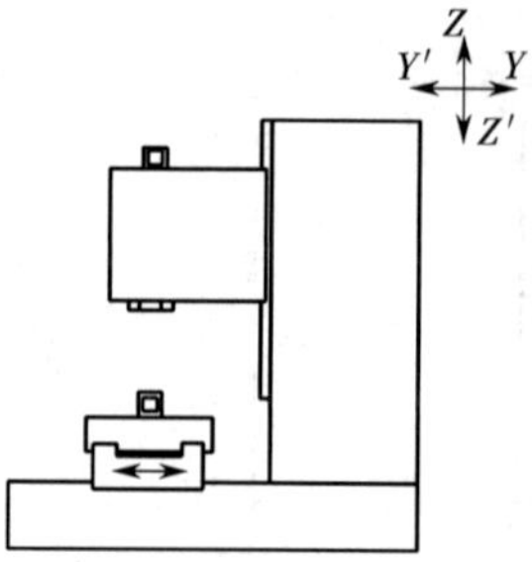 a,b 和 c: 0.060/1000 (或 12″) 局部公差: 在任意 500 mm 测量长度上为 0.030/1 000 (或 6″)	精密水平仪	1. 将精密水平仪放置在运动部件(工作台)上 (1)俯仰(纵向) (2)偏摆(水平) (3)倾斜(横向) 2. 当 Y 轴线运动引起主轴箱和工作台同时产生角度偏差时,这两种角度偏差应分别测量并给予标明,基准水平仪(使用时)应放置在非运动部件(主轴箱)上 3. 沿行程在等距离的 5 个位置上检测 4. 在每个位置的两个运动方向测取读数,最大与最小读数的差值应不超过公差
		b. 在 X-Y 水平面内(偏摆) 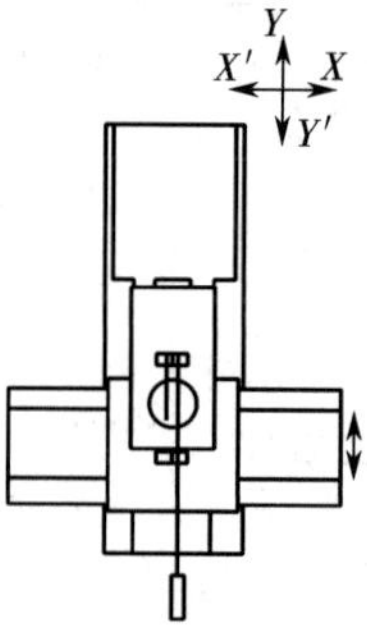			
		c. 在垂直于移动方向的 Z-X 垂直平面内(倾斜) 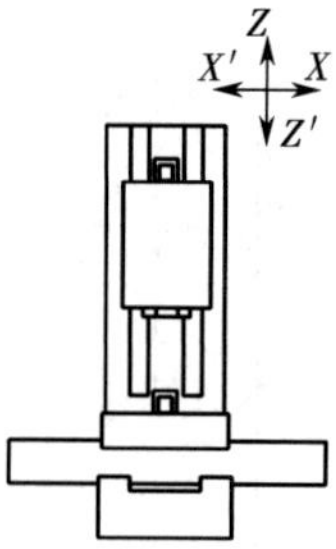			

序号	检测项目		简图	允许公差/mm	检测工具	检测方法
G6	Z轴线运动的角度偏差	a.在平行于Y轴线的Z-Y垂直平面内	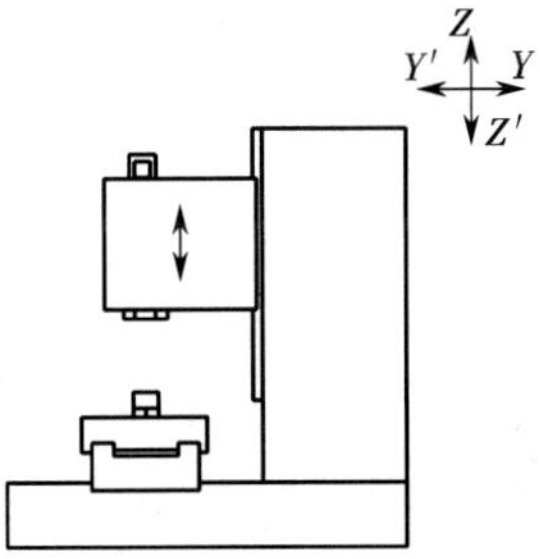	a,b和c:0.060/1 000（或12″）	精密水平仪	1.将精密水平仪放置在运动部件(工作台)上（1）俯仰(纵向)（2）偏摆(水平)　2.当Z轴线运动引起主轴箱和工作台同时产生角度偏差时,这两种角度偏差应分别测量并给予标明,基准水平仪(使用时)应放置在非运动部件(主轴箱)上　3.沿行程在等距离的5个位置上检测　4.在每个位置的两个运动方向测取读数,最大与最小读数的差值应不超过公差
		b.在平行于X轴线的Z-X垂直平面内				
		c.在X-Y平面内		局部公差:在任意500 mm测量长度上为0.030/1 000（或6″）	角尺、百分表	1.将百分表固定在主轴箱上　2.将圆柱角尺近似平行于Z轴放置于工作台上,使百分表测头垂直触及角尺,记录百分表读数,并在角尺的相应高度上做出标记　3.沿X轴线移动工作台,使百分表在主轴箱另一侧相同高度重新测量并记录读数　4.沿行程在等距离的5个位置上检测　5.计算出每个测量高度两个读数的差值,选出这些差值中的最大值和最小值,且(最大值−最小值)/d 的计算结果应不超过公差,d 为百分表两位置间的距离

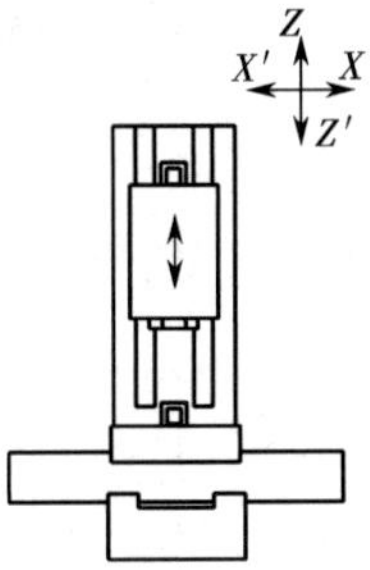

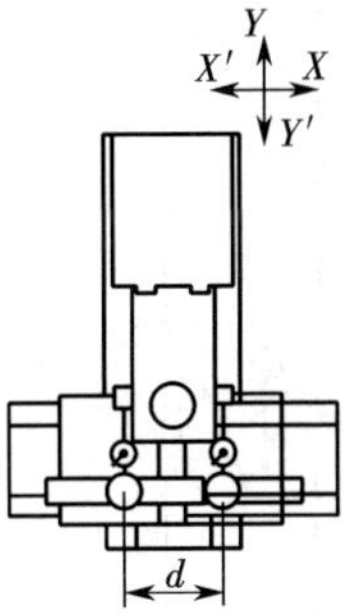

序号	检测项目	简图	允许公差 /mm	检测工具	检测方法
G7	Z 轴线运动和 X 轴线运动间的垂直度	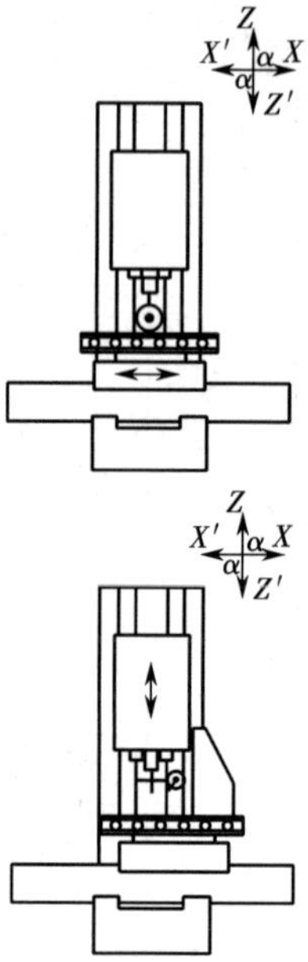	0.020/500	平尺、角尺	1. 将工作台置于中间位置,百分表固定在主轴或主轴箱的固定部位上 2. 平尺平行于 X 轴线放置;调整平尺,使百分表在 X 轴线方向移动长度的两端相等 3. 将角尺紧贴平尺放置,百分表测头垂直触及角尺 4. 移动 Z 轴,记录百分表读数的最大差值
G8	Z 轴线运动和 Y 轴线运动间的垂直度	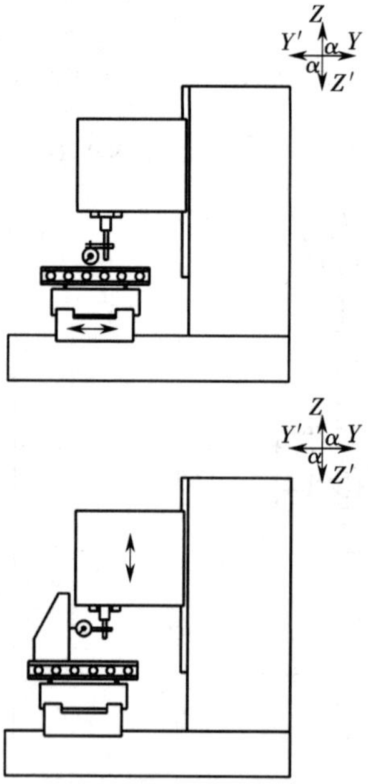	0.020/500	平尺、角尺	1. 将工作台置于中间位置,百分表固定在主轴或主轴箱的固定部位上 2. 平尺平行于 Y 轴线放置;调整平尺,使百分表在 Y 轴线方向移动长度的两端相等 3. 将角尺紧贴平尺放置,百分表测头垂直触及角尺 4. 移动 Z 轴,记录百分表读数的最大差值

序号	检测项目	简图	允许公差/mm	检测工具	检测方法
G9	Y轴线运动和X轴线运动间的垂直度	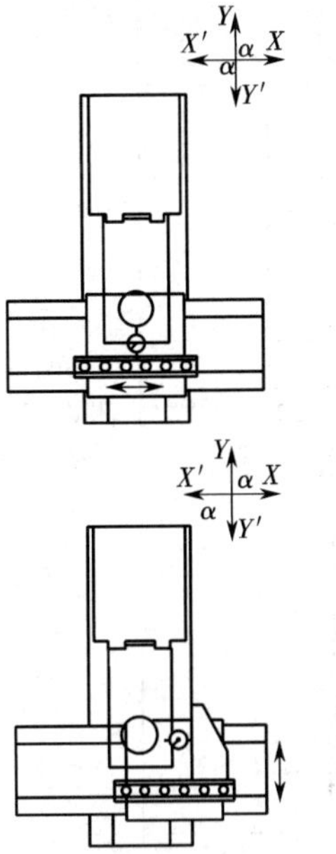	0.020/500	平尺、角尺	1.将工作台置于中间位置,百分表固定在主轴或主轴箱的固定部位上　2.平尺平行于X轴线(或Y轴线)放置;调整平尺,使百分表在X轴线(或Y轴线)方向移动长度的两端相等　3.将角尺紧贴平尺放置,百分表测头垂直触及角尺　4.移动Y轴(或X轴),记录百分表读数的最大差值
G10	a.主轴的周期性轴向窜动　b.主轴端面跳动	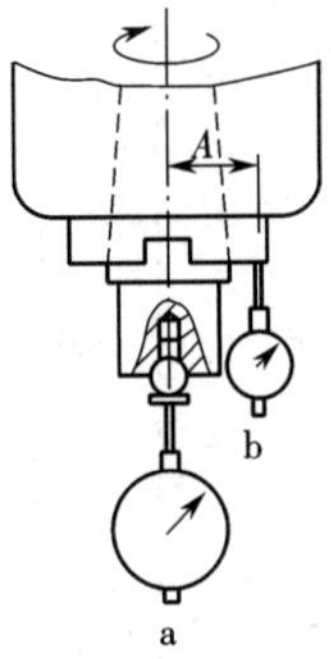	a.0.005　b.0.010	百分表	1.百分表测头垂直置于(1)主轴(2)主轴端面　2.旋转主轴,记录百分表读数的最大差值　注:在(2)项检测时,百分表与主轴轴线之间的距离A应尽量大
G11	主轴锥孔的径向跳动	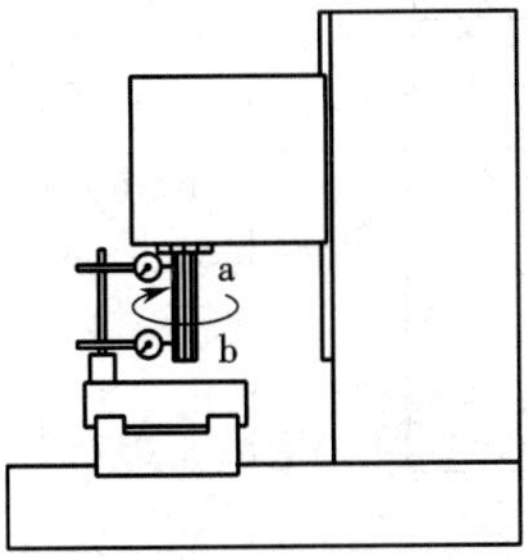 a.靠近主轴端部　b.距主轴端部300 mm处	a.0.007　b.0.015	百分表、检验棒	1.将检验棒插在主轴锥孔内　2.百分表固定在机床工作台上,测头垂直触及被测检验棒　3.旋转主轴,记录百分表的最大读数差值,在a、b处分别测量　4.标注检验棒与主轴的圆周方向的相对位置,取下检验棒,同向分别旋转检验棒90°、180°、270°后重新插入主轴锥孔,在每个位置分别检测,取4次检测的平均值

续表

序号	检测项目		简图	允许公差 /mm	检测工具	检测方法
G12	主轴轴线和 Z 轴线运动间的平行度	a. 在平行于 Y 轴线的 Y-Z 垂直平面内	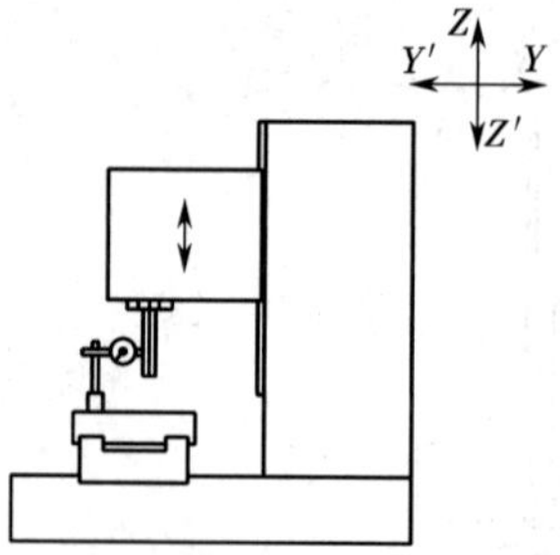	在 300 mm 测量长度上为 0.015	百分表、检验棒	1. 将检验棒插在主轴锥孔内 2. X 轴轴线置于行程中间位置 3. 百分表固定在机床工作台上 (1) 测头沿 Y 轴方向垂直触及检验棒 (2) 测头沿 X 轴方向垂直触及检验棒 4. 主轴沿 Z 轴方向移动,记录百分表读数的最大差值
		b. 在平行于 X 轴线的 Z-X 垂直平面内	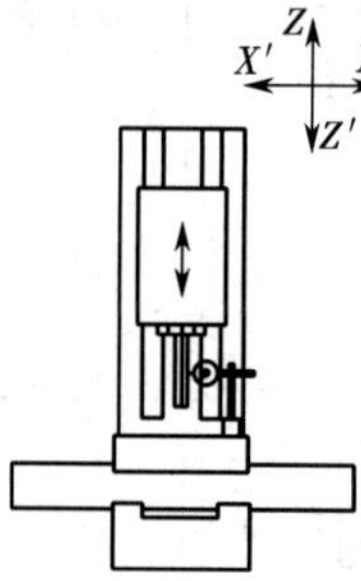			
G13	主轴轴线和 X 轴线运动间的垂直度		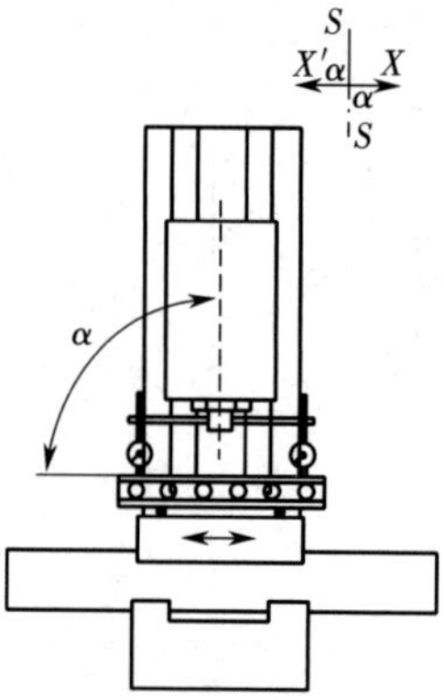	0.010/300	平尺、等高块、百分表	1. 将工作台置于中间位置,平尺平行于 X 轴轴线放置 2. 将百分表安装在主轴上,并将百分表的测头调至平行于主轴轴线,触及平尺的一端 3. 主轴旋转 180°,记录在 X-Z 平面内相隔 180° 的两个位置上的读数差值
G14	主轴轴线和 Y 轴线运动间的垂直度		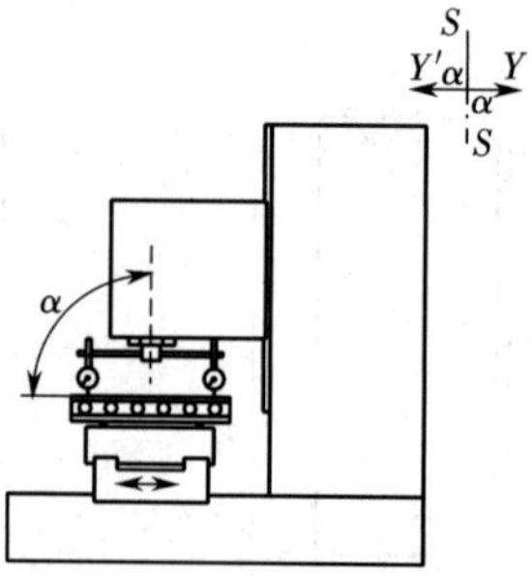	0.010/300	平尺、等高块、百分表	1. 将工作台置于中间位置,平尺平行于 Y 轴轴线放置 2. 将百分表安装在主轴上,并将百分表的测头调至平行于主轴轴线,触及平尺的一端 3. 主轴旋转 180°,记录在 Y-Z 平面内相隔 180° 的两个位置上的读数差值

序号	检测项目	简图	允许公差/mm	检测工具	检测方法
G15	工作台面的平面度	 X 轴轴线和 Y 轴轴线置于其行程的中间位置	0.020 局部公差:在任意 300 mm 测量长度上为 0.012	百分表、平尺、可调等高块、精密水平仪	1. 在检验面上选 A、B、C 点作为零位标记,将三个等高块放在这三点上,则这三个等高块的上表面就确定了与被检面做比较的基准面 2. 将平尺置于点 A 和点 C 上,并在检验面上点 E 处放一可调等高块,使其与平尺的小表面接触。此时,A、B、C、E 点处等高块的上表面均在同一表面上 3. 将平尺放在点 B 和点 E 上,即可找到点 D 的偏差 4. 在点 D 处放一可调等高块,并将其上表面调到由已经就位的等高块上表面所确定的平面上 5. 将平尺分别放在点 A 和点 D 及点 B 和点 C 上,即可找到被检面上点 A 和点 D 及点 B 和点 C 之间的偏差 6. 其余各点之间的偏差可用同样的方法找到
G16	工作台面和 X 轴线运动间的平行度		0.020	等高块、平尺、百分表	1. 将等高块沿 X 轴方向放在工作台上,平尺置于等高块上 2. 百分表测头垂直触及平尺 3. 沿 X 轴方向移动工作台,记录百分表读数偏差的最大值
G17	工作台面和 Y 轴线运动间的平行度		0.020	等高块、平尺、百分表	1. 将等高块沿 Y 轴方向放在工作台上,平尺置于等高块上 2. 百分表测头垂直触及平尺 3. 沿 Y 轴方向移动工作台,记录百分表读数偏差的最大值

序号	检测项目	简图	允许公差/mm	检测工具	检测方法
G18	工作台纵向中央或基准T形槽和X轴线运动间的平行度		在300 mm测量长度上为0.015	百分表	1. 将百分表固定在主轴箱上,百分表测头垂直触及基准(T形槽) 2. X轴方向移动工作台,记录百分表读数,其读数最大差值即为工作台沿X轴方向移动对工作台面基准(T形槽)的平行度误差

4.3.4 位置精度的检测方法

1. 国家标准

位置精度是指机床刀具趋近目标位置的能力,它是通过对测量值进行数据统计分析处理后得出的结果。位置精度一般由定位精度、重复定位精度及反向间隙三部分组成。

定位精度和重复定位精度的确定,按照国家标准《机床检验通则 第2部分:数控轴线的定位精度和重复定位精度的确定》(GB/T 17421.2—2016)执行。

(1)轴线行程(Axis Travel):在数字控制下运动部件沿轴线移动的最大直线行程或绕轴线回转的最大行程。

(2)测量行程(Measurement Travel):用于采集数据的部分轴线行程。选择测量行程时,应保证可以双向趋近第一个和最后一个目标位置。

(3)目标位置(Target Position)P_i:运动部件编程时要达到的位置,下标 i 表示沿轴线选择的目标位置中的特定位置。

(4)实际位置(Actual Position)P_{ij}($i=0\sim m$,$j=1\sim n$):运动部件第 j 次向第 i 个目标位置趋近时,实际测得的到达位置。

(5)位置偏差(Deviation of Position;Positional Deviation)X_{ij}:运动部件到达的实际位置与其目标位置之差,$X_{ij}=P_{ij}-P_i$。

(6)单向(Unidirectional):以相同方向沿轴线或绕轴线趋近某目标位置的一系列测量。符号"↑"表示从正向趋近所得参数,符号"↓"表示从负向趋近所得参数,如 $X_{ij}\uparrow$、$X_{ij}\downarrow$。

(7)双向(Bidirectional):从两个方向沿轴线或绕轴线趋近某目标位置的一系列测量所得的参数。

(8)扩展不确定度(Expanded Uncertainty):定量地确定一个测量结果的区间,该区间期望包含大部分的数值分布。

(9)覆盖因子(Coverage Factor):为获得扩展不确定度而用作标准不确定度倍率的一个数值因子。

(10)某一位置的单向平均位置偏差(Mean Unidirectional Positional Deviation at a Position）$\overline{X_i}\uparrow$ 或 $\overline{X_i}\downarrow$：运动部件 n 次单向趋近某一位置 P_i 所得的位置偏差的算术平均值，有

$$\overline{X_i}\uparrow = \frac{1}{n}\sum_{j=1}^{n}X_{ij}\uparrow$$

$$\overline{X_i}\downarrow = \frac{1}{n}\sum_{j=1}^{n}X_{ij}\downarrow$$

（11）某一位置的双向平均位置偏差（Mean Bidirectional Positional Deviation at a Position）$\overline{X_i}$：从两个方向趋近某一位置 P_i 所得的单向平均位置偏差 $\overline{X_i}\uparrow$ 和 $\overline{X_i}\downarrow$ 的算术平均值，有

$$\overline{X_i} = (\overline{X_i}\uparrow + \overline{X_i}\downarrow)/2$$

（12）某一位置的反向差值（Reversal Value at a Position）B_i：从两个方向趋近某一位置时两个单向平均位置偏差之差，有

$$B_i = \overline{X_i}\uparrow - \overline{X_i}\downarrow$$

（13）轴线反向差值（Reversal Value of an Axis）B：沿轴线或绕轴线的各目标位置的反向差值的绝对值 $|B_i|$ 中的最大值，有

$$B = \max[|B_i|]$$

（14）轴线平均反向差值（Mean Reversal Value of an Axis）$\overline{B}$：沿轴线或绕轴线的各目标位置的反向差值 B_i 的算术平均值，有

$$\overline{B} = \frac{1}{m}\sum_{i=1}^{m}B_i$$

（15）在某一位置的单向定位标准不确定度的估算值（Estimator of the Unidirectional Standard Uncertainty of Positioning at a Position）$S_i\uparrow$ 和 $S_i\downarrow$：通过对某一位置 P_i 的 n 次单向趋近所获得的位置偏差标准不确定度的估算值，有

$$S_i\uparrow = \sqrt{\frac{1}{n-1}\sum_{j=1}^{n}(X_{ij}\uparrow - \overline{X}\uparrow)^2}$$

$$S_i\downarrow = \sqrt{\frac{1}{n-1}\sum_{j=1}^{n}(X_{ij}\downarrow - \overline{X}\downarrow)^2}$$

（16）在某一位置的单向重复定位精度（Unidirectional Repeatability of Positioning at a Position）$R_i\uparrow$ 或 $R_i\downarrow$：由某一位置 P_i 的单向位置偏差的扩展不确定度的范围，覆盖因子为 2。

$$R_i\uparrow = 4S_i\uparrow$$

$$R_i\downarrow = 4S_i\downarrow$$

（17）在某一位置的双向重复定位精度（Bidirectional Repeatability of Positioning at a Position)R_i：

$$R_i = \max[2\,S_i\uparrow+2\,S_i\downarrow+|B_i|;R_i\uparrow;R_i\downarrow]$$

（18）轴线单向重复定位精度（Unidirectional Repeatability of Positioning）$R\uparrow$或$R\downarrow$以及轴线双向重复定位精度（Bidirectional Repeatability of Positioning of an Axis）R：沿轴线或绕轴线的任意位置P_i的重复定位精度的最大值，有

$$R\uparrow=\max[R_i\uparrow]$$

$$R\downarrow=\max[R_i\downarrow]$$

$$R=\max[R_i]$$

（19）轴线单向定位精度（Unidirectional Accuracy of Positioning of an Axis）$A\uparrow$或$A\downarrow$：由单向定位系统偏差和单向定位标准不确定度估算值的2倍组合来确定的范围。

$$A\uparrow=\max[\overline{X_i}\uparrow+2S_i\uparrow]-\min[\overline{X_i}\uparrow-2S_i\uparrow]$$

$$A\downarrow=\max[\overline{X_i}\downarrow+2S_i\downarrow]-\min[\overline{X_i}\downarrow-2S_i\downarrow]$$

（20）轴线双向定位精度（Bidirectional Accuracy of Positioning of an Axis）A：由双向定位系统偏差和双向定位标准不确定度估算值的2部组合来确定的范围。

$$A=\max[\overline{X_i}\uparrow+2S_i\uparrow;\overline{X_i}\downarrow+2S_i\downarrow]-\min[\overline{X_i}\uparrow-2S_i\uparrow;\overline{X_i}\downarrow-2S_i\downarrow]$$

2. 检测原理

位置精度一般是在机床和工作台空载条件下测量,按照国家标准和国际标准化组织（ISO）标准规定,用激光干涉仪或步距规进行检测。

无论采用哪种测量仪器,其在全程上的测量点数应不少于5点,测量间距按下式确定：

$$P_i=(i-1)\times P+r$$

式中　　i——现行目标位置的序号；

　　　　P——目标测量间距；

　　　　r——在各目标位置取不同的值。

位置误差检测完要通过计算,进行螺距补偿和反向间隙补偿。

3. 加工中心线性轴线位置精度检测方法

参照国家标准《加工中心检验条件 第4部分:线性和回转轴线的定位精度和重复定位精度检验》（GB/T 18400.4—2010）,加工中心的位置精度检验要求见表4-4。

表 4-4 加工中心位置精度检验要求

序号	检验项目	简图	允许公差 /mm
D1	双向定位精度 A		X 向 : 0.022 Y 向 : 0.022 Z 向 : 0.022
D2	单向定位精度 (正向) A↑ 单向定位精度 (负向) A↓	同 D1	X 向 : 0.016 Y 向 : 0.016 Z 向 : 0.016
D3	双向重复定位精度 R	同 D1	X 向 : 0.012 Y 向 : 0.012 Z 向 : 0.012
D4	单向重复定位精度 (正向) R↑ 单向重复定位精度 (负向) R↓	同 D1	X 向 : 0.006 Y 向 : 0.006 Z 向 : 0.006
D5	轴线的反向差值 B	同 D1	X 向 : 0.010 Y 向 : 0.010 Z 向 : 0.010
D6	轴线的平均反向差值 $\overline{B}$	同 D1	X 向 : 0.006 Y 向 : 0.006 Z 向 : 0.006

2014 年,全国"数控机床装调、维修与升级改造"赛项"任务三 数控机床位置精度检测",要求对数控机床 X 轴进给轴的定位精度、重复定位精度进行检测,并完成对 X 轴滚珠丝杠平均反向差值检测并补偿。因此,以数控铣床维修实训设备 X 轴位置精度检测方法为例进行说明。

采用步距规检测数控机床位置精度的方法,见表 4-5。

表 4-5　采用步距规检测数控机床位置精度的方法

序号	检测步骤	简图
1	清洁步距规、工作台面	
2	将步距规置于工作台上,用百分表校验步距规,使其与 X 轴轴线平行	
3	将 X 轴导轨移至零位处;将杠杆千分表固定在机床主轴箱的适当位置上,此时测量头应与步距规零位工作面中心接触、预压并调零	
4	按照"步距规测试程序"运行机床,取 5 个测量点,按循环简图循环测量 5 次,记录各点读数	
5	按标准对数据进行处理,确定数控铣床维修实训设备 X 轴的定位精度、重复定位精度和反向间隙,并进行补偿	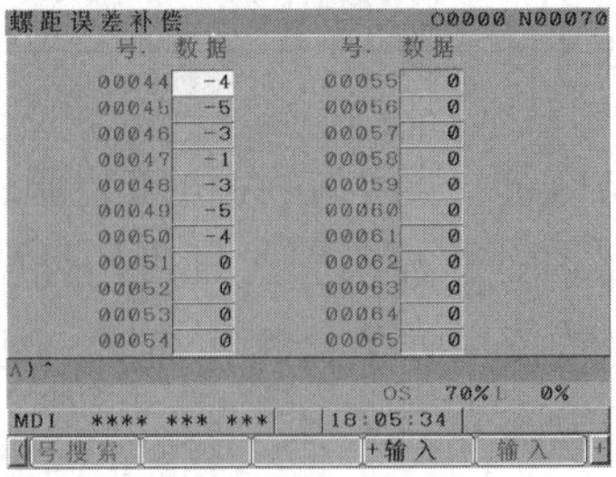

步距规测试程序(针对数控铣床维修实训设备)如下。

1)子程序

　　%

```
O2016
G1 Z-4 F200
G4 X3
G0 Z1
M99
%
```

2）主程序

```
%O2015
#1=0
#2=0
#3=5
N70 G90 G54 G0 X2 Y0 Z1
G0 X0
M98 P2016
#1=#1-92.593
G0 X#1
M98 P2016
#1=#1-92.997
G0 X#1
M98 P2016
#1=#1-93.003
G0 X#1
M98 P2016
#1=#1-92.991
G0 X#1
M98 P2016
G91 X-2
X2
G90
M98 P2016
#1=#1+92.991
G0 X#1
M98 P2016
#1=#1+93.003
G0 X#1
M98 P2016
```

```
#1=#1+92.997
G0 X#1
M98 P2016
#1=#1+92.593
G0 X#1
M98 P2016
IF[#2NE#3]GOTO70
M30%
```

4.FANUC 0i Mate-MD 数控系统位置精度补偿方法

1）丝杠螺距误差补偿方法

数控铣床维修实训设备的机械行程为 -400~0 mm,螺距误差补偿点位置间隔为 50 mm,参考点的补偿位置号为 40。

经计算,可知

负方向最远端补偿点位置号 = 参考点补偿位置号 - 负方向机床行程 / 补偿位置间隔 +1

$$=40-400/50+1$$
$$=33$$

正方向最远端补偿点位置号 = 参考点补偿位置号 + 负方向机床行程 / 补偿位置间隔

$$=40+0/50$$
$$=40$$

丝杠螺距误差补偿参数设置见表 4-6。

表 4-6 丝杠螺距误差补偿参数设置

参数	设定值
3620:参考点的补偿点号	40
3621:负方向最远端的补偿点号	33
3622:正方向最远端的补偿点号	40
3623:补偿倍率	1
3624:补偿点的位置间隔	50 000

2）反向间隙误差补偿方法

反向间隙误差补偿参数设置见表 4-7。

表 4-7 反向间隙误差补偿参数设置

参数	参数定义
1800#4	是否进行切削进给 / 快速移动分别反向间隙补偿
1851	每个轴的反向间隙补偿量

参数	参数定义
1852	每个轴的快速移动时的反向间隙补偿量

参数说明:

(1)手动连续进给(JOG)视为切削进给;

(2)接通电源后,第一次返回参考点结束前,不进行切削进给/快速移动分别反向间隙补偿,正常的补偿量不论切削进给或快速移动,均按参数 1851 的设定值补偿;

(3)切削进给/快速移动分别反向间隙补偿,只在参数 1800#4 设为 1 时进行,设为 0 时进行通常的反向间隙补偿。

4.4 任务实施

4.4.1 机床调平

用精密水平仪完成数控铣床维修实训设备的调平(水平调整)。因为数控机床水平调整不好,不仅直接影响数控机床的加工精度,而且长时间的使用还会使数控机床床身严重变形。

1. 训练要求

(1)能够熟练使用精密水平仪。

(2)能够根据精度要求调整机床水平。

(3)能够制订工作计划,并按照要求填写相关表格。

2. 实训报告

完成数控铣床维修实训设备水平调整,填写实训报告,见表 4-8。

表 4-8 数控铣床维修实训设备水平调整实训报告

任务名称	数控铣床维修实训设备水平调整		设备型号	
工具清单			参考资料清单	
允许误差			调试误差	
完成用时			学生签字	
组长签字			教师签字	

教师、同学可按照表 4-9 对本次实训进行评分。

表 4-9　机床调平评分表

班级_____	工作形式 □个人　□小组分工　□小组		实践工作时间_____	
训练项目	训练内容	训练要求	学生自评	教师评分
机床调平	1.工作计划（20分）： （1）工作计划； （2）工作步骤	工作计划不完善,少一项扣1分;工作步骤不完善,少一项扣1分		
	2.机床及量具清理（20分）	机床水平调整之前,是否进行机床及量具的清洁,过程中有错误,每处扣5分		
	3.调平方法（30分）	机床水平调整过程中有错误,每处扣5分		
	4.功能测试（20分）	调试精度不在允许精度范围之内,扣20分		
	5.职业素养与安全意识（10分）	现场操作符合安全操作规程;工具摆放、工具使用等的处理符合职业岗位的要求;团队既有分工又有合作,配合紧密;遵守纪律,尊重教师,爱惜设备和器材,保持工位的整洁		

机床水平调整的经验分享：

（1）将精密水平仪和机床工作台擦拭干净；

（2）将机床工作台置于导轨行程的中间位置；

（3）将两个水平仪分别沿 X 和 Y 轴置于工作台中央,注意轻拿轻放不出声,可用手轻按水平仪,水平仪不动,则视为放稳；

（4）观察水平仪读数,调整机床垫铁的高度至水平,注意轻轻调整,且就低不就高。

知识、技能归纳

通过训练掌握了精密水平仪的使用方法,并亲身实践了数控铣床维修实训设备的水平调整。

4.4.2　几何精度检测

1.训练要求

（1）能够熟练使用百分表、平尺、角尺、主轴检验棒等几何精度检测工具。

（2）能够根据精度要求检测数控铣床维修实训设备的几何精度。

（3）能够制订工作计划,并按照要求填写相关表格。

2.实训报告

完成加工中心几何精度检测,填写实训报告,见表4-10。

表 4-10 加工中心几何精度检测实训报告

机床型号			检测人		试验日期	
序号	检测项目		检测工具	检测过程	检测结果	数据分析
G1	X 轴线运动的直线度	a. 在 Z-X 垂直平面内				
		b. 在 X-Y 水平面内				
G2	Y 轴线运动的直线度	a. 在 Y-Z 垂直平面内				
		b. 在 X-Y 水平面内				
G3	Z 轴线运动的直线度	a. 在平行于 Y 轴线的 Y-Z 垂直平面内				
		b. 在平行于 X 轴线的 Z-X 垂直平面内				
G4	X 轴线运动的角度偏差	a. 在平行于移动方向的 Z-X 垂直平面(俯仰)				
		b. 在 X-Y 水平面内(偏摆)				
		c. 在垂直于移动方向的 Y-Z 垂直平面内(倾斜)				
G5	Y 轴线运动的角度偏差	a. 在平行于移动方向的 Z-Y 垂直平面(俯仰)				
		b. 在 X-Y 水平面内(偏摆)				
		c. 在垂直于移动方向的 Z-X 垂直平面内(倾斜)				
G6	Z 轴线运动的角度偏差	a. 在平行于 Y 轴线的 Z-Y 垂直平面内				
		b. 在平行于 X 轴线的 Z-X 垂直平面内				
		c. 在 X-Y 平面内				
G7	Z 轴线运动和 X 轴线运动间的垂直度					
G8	Z 轴线运动和 Y 轴线运动间的垂直度					
G9	Y 轴线运动和 X 轴线运动间的垂直度					
G10	a. 主轴的周期性轴向窜动 b. 主轴端面跳动					
G11	主轴锥孔的径向跳动	a. 靠近主轴端部				
		b. 距主轴端部 300 mm 处				
G12	主轴轴线和 Z 轴线运动间的平行度	a. 在平行于 Y 轴线的 Y-Z 垂直平面内				
		b. 在平行于 X 轴线的 Z-X 垂直平面内				
G13	主轴轴线和 X 轴线运动间的垂直度					
G14	主轴轴线和 Y 轴线运动间的垂直度					

	机床型号	检测人	试验日期
G15	工作台面的平面度		
G16	工作台面和 X 轴线运动间的平行度		
G17	工作台面和 Y 轴线运动间的平行度		
G18	工作台纵向中央或基准 T 形槽和 X 轴线运动间的平行度		

教师、同学可按照表 4-11 对本次实训进行评分。

表 4-11　几何精度检测评分表

班级＿＿＿＿＿		工作形式 □个人　□小组分工　□小组	实践工作时间＿＿＿＿	
训练项目	训练内容	训练要求	学生自评	教师评分
几何精度检测	1.工作计划(20分)： (1)工作计划； (2)工作步骤	工作计划不完善,少一项扣 1 分;工作步骤不完善,少一项扣 1 分		
	2.测量工具的正确操作(20分)	未按要求使用测量工具,每一项扣 2 分		
	3.几何精度检测(30分)	几何精度检测方法不正确、不合理,每次扣 1 分		
	4.功能测试(20分)	调试精度不在允许精度范围之内,扣 20 分		
	5.职业素养与安全意识(10分)	现场操作符合安全操作规程;工具摆放、工具使用等的处理符合职业岗位的要求;团队既有分工又有合作,配合紧密;遵守纪律,尊重教师,爱惜设备和器材,保持工位的整洁		

几何精度检测的经验分享：
(1)检测前,要先将检测量具的测量面及被测对象擦拭干净；
(2)量具在使用过程中,要放在安全位置；
(3)温度对检验结果有影响,检测时室温尽量保持在 20 ℃左右；
(4)量具使用后,应及时擦拭干净。

知识、技能归纳

通过训练掌握了加工中心几何精度检测方法,并亲身实践了数控铣床维修实训设备的几何精度检测。

4.4.3 位置精度检测

1. 训练要求

（1）能够正确安装测量工、量具或设备，对机床的 X 轴进行位置精度检测。

（2）能够对数控机床丝杠螺距误差和反向间隙误差进行补偿。

（3）能够制订工作计划，并按照要求填写相关表格。

2. 实训报告

用步距规完成数控铣床维修实训设备位置精度检测，填写实训报告，见表 4-12。

表 4-12　无补偿的数控铣床维修实训设备位置精度检测数据

	机床型号		机床编号			测试轴		
	补偿状态		测试者			测试日期		
	序号	1	2		3	4		5
测量记录	目标位置 P/mm							
	趋近方向	↑ ↓	↑ ↓		↑ ↓	↑ ↓		↑ ↓
	位置偏差 X_{ij}/μm　j=1							
	2							
	3							
	4							
	5							
数据处理结果	单向平均位置偏差 $\overline{X_i}$/μm							
	标准不确定度 S_i/μm							
	$2S_i$/μm							
	($\overline{X_i}$ −$2S_i$)/μm							
	($\overline{X_i}$ +$2S_i$)/μm							
	单向重复定位偏差 (R_i-$4S_i$)/μm							
	反向差值 B_i/μm							
	双向重复定位精度 R_i/μm							
	双向平均位置偏差 $\overline{X_i}$/μm							
	标准	GB/T 20957.4—2007						
	方向	单向↑		单向↓		双向		
	定位精度 A/mm							
	重复定位精度 R/mm							
	平均反向差值 $\overline{B}$/mm							

通过计算,填写单向补偿参数表,见表4-13。

表4-13 单向补偿参数表

反向间隙 /μm	
螺距补偿类型 (0—无;1—单向;2—双向;3、4—扩展)	
补偿点数	
参考点偏差号	
补偿间隙	
偏差值 /μm[0]	
偏差值 /μm[1]	
偏差值 /μm[2]	
偏差值 /μm[3]	
偏差值 /μm[4]	
偏差值 /μm[5]	
偏差值 /μm[6]	
偏差值 /μm[7]	
偏差值 /μm[8]	
偏差值 /μm[9]	
偏差值 /μm[10]	

补偿后,按无补偿的测试步骤和测试程序,再次进行位置精度的测量,并进行数据处理,见表4-14。

表4-14 补偿后的数控铣床维修实训设备位置精度检测数据

	机床型号			机床编号			测试轴		
	补偿状态			测试者			测试日期		
	序号	1		2		3		4	5
	目标位置 P/mm								
测量记录	趋近方向	↑	↓	↑	↓	↑	↓	↑	↓	↑	↓
	位置偏差 X_{ij}/μm $j=1$ 2 3 4 5								

数据处理结果	单向平均位置偏差 $\overline{X_i}$ /μm							
	标准不确定度 S_i /μm							
	$2S_i$ /μm							
	$(\overline{X_i}-2S_i)$ /μm							
	$(\overline{X_i}+2S_i)$ /μm							
	单向重复定位偏差 (R_i-4S_i) /μm							
	反向差值 B_i /μm							
	双向重复定位精度 R /μm							
	双向平均位置偏差 $\overline{X_i}$ /μm							
	标准	GB/T 20957.4—2007						
	方向	单向↑			单向↓		双向	
	定位精度 A /mm							
	重复定位精度 R /mm							
	平均反向差值 $\overline{B}$ /mm							

教师、学生可按照表 4-15 对本次实训进行评分。

表 4-15　位置精度检测评分表

班级_____		工作形式 □个人　□小组分工　□小组		实践工作时间_____
训练项目	训练内容	训练要求	学生自评	教师评分
位置精度检测	1. 工作计划（20分）： （1）工作计划； （2）工作步骤	工作计划不完善，少一项扣 1 分；工作步骤不完善，少一项扣 1 分		
	2. 测量工具的正确操作（20分）	未按要求使用测量工具，每一项扣 2 分		
	3. 位置精度检测（30分）	位置精度检测方法不正确、不合理，每次扣 1 分		
	4. 功能测试（20分）	调试精度不在允许精度范围之内，扣 10 分		
	5. 职业素养与安全意识（10分）	现场操作符合安全操作规程；工具摆放、工具使用等的处理符合职业岗位的要求；团队既有分工又有合作，配合紧密；遵守纪律，尊重教师，爱惜设备和器材，保持工位的整洁		

位置精度检测的经验分享:
（1）检测前,要先将检测量具的测量面及被测对象擦拭干净;
（2）量具在使用过程中,要轻拿轻放,避免磕碰,放在安全位置;
（3）温度对检验结果有影响,检测时室温尽量保持在 20 ℃左右;
（4）量具使用后,应及时擦拭干净。

知识、技能归纳

通过训练掌握了加工中心位置精度检测方法,并亲身实践了数控铣床实训设备的位置精度检测。

4.5 技能拓展

激光干涉仪可以测量数控机床定位精度、重复定位精度和反向间隙。

目前,激光干涉仪测距系统以英国雷尼绍（RENISHAW）公司生产的双频激光干涉仪测距系统最为先进。实训室目前配备型号为 XL-80 的 RENISHAW 双频激光干涉仪。

4.5.1 XL-80 激光干涉仪的硬件组成

XL-80 激光干涉仪由 XL-80 激光头、XL-80 环境补偿装置、各种光学镜头、光靶、传感器、微调平台、三角支架、笔记本电脑（装有专用测量软件）等组成,见表 4-16。

表 4-16　XL-80 激光干涉仪的硬件组成

序号	名称	图示
1	XL-80 激光头	
2	XL-80 环境补偿装置	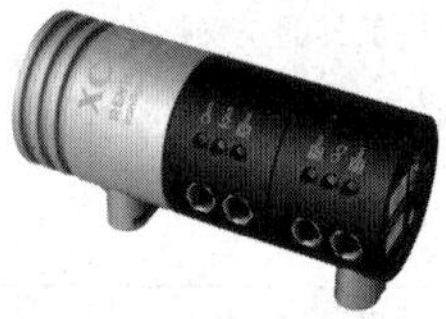

续表

序号	名称	图示
3	光学镜头	
4	光靶	
5	传感器	

4.5.2 XL-80 激光干涉仪的工作过程

在 XL-80 激光干涉仪上接有两个传感器:一个为空气传感器,测量空气温度、大气压、相对湿度;另一个为材料传感器,测量被测物体温度。二者均有磁性,吸附在被测量物体上。笔记本电脑的 USB 接口与 XL-80 激光头、XL-80 环境补偿装置信号线缆连接。XL-80 激光头发出一束激光束,通过分光镜射出两束光:一束光为测量光,先射到在移动物体上安装的反射镜上再返回至 XL-80 激光头;另一束光为参考光束,在分光镜上加装一反光镜组将其反射至 XL-80 激光头上,光路连接如图 4-5 所示。两束光在 XL-80 激光头内进行干涉,笔记本电脑测量软件通过计算干涉点的变化,计算出移动距离。

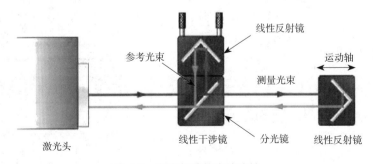

图 4-5 激光干涉仪光路连接

4.5.3 采用激光干涉仪进行检测的方法

采用激光干涉仪检测数控铣床维修实训设备 X 轴位置精度的方法,见表 4-17。

表 4-17 采用激光干涉仪检测数控铣床维修实训设备 X 轴位置精度的方法

序号	检测步骤	简图
1	按图 4-5 光路连接要求连接激光干涉仪,并调整光路,使其与 X 轴轴线方向平行	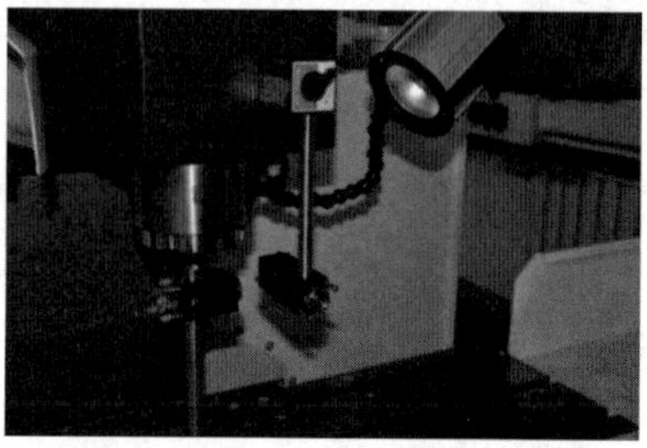
2	在计算机上通过软件对必要参数进行设置。第一定位点:0.000。最终定位点:400.000。间距值:50。目标数:9(自动生成)。小数点后位数:3。定位方式:线性定位方式。测量次数:5。选择方向:双向	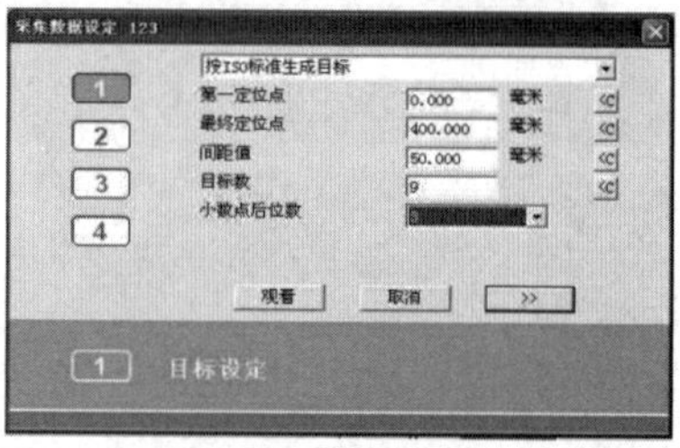 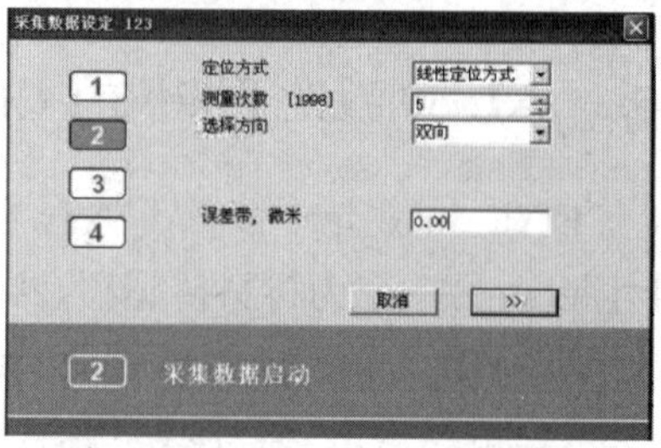
3	在计算机上通过软件自动生成"激光干涉仪测试程序",并传输至数控铣床维修实训设备运行	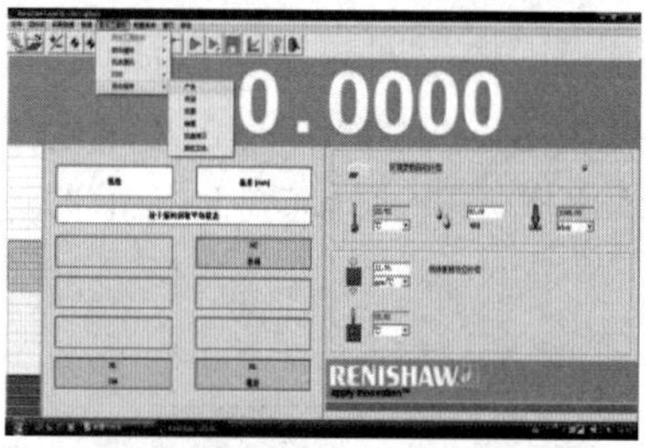
4	运行机床程序,在计算机上进行自动数据采集	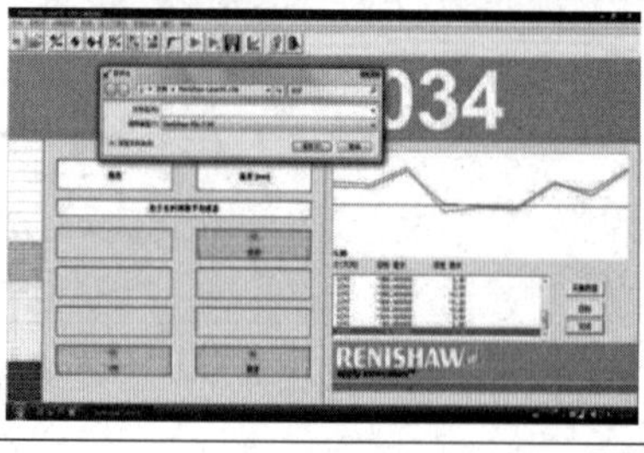

续表

序号	检测步骤	简图
5	保存测量结果,并进行数据分析,确定数控铣床维修实训设备 X 轴的定位精度、重复定位精度和反向间隙,并进行补偿	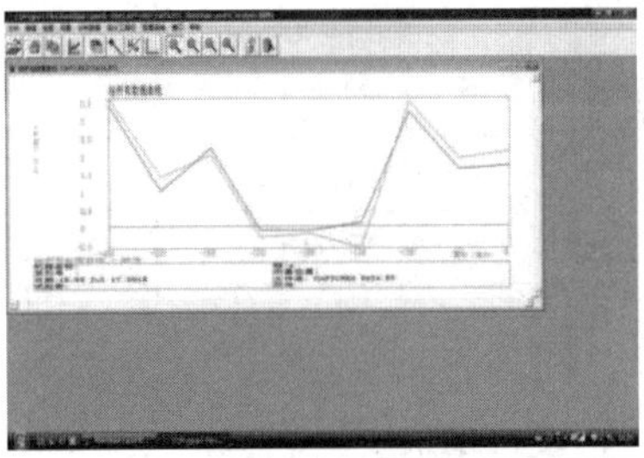

思考练习

1. 数控机床调平的主要工具有哪些? 调整地脚螺栓时是拧紧还是放松? 应注意什么?
2. 数控机床精度验收内容包括哪些?
3. 简述数控机床维修实训设备几何精度检验项目 G7 项的检测方法。
4. 用激光干涉仪对数控机床维修实训设备的位置精度进行检测,并填写表 4-18。

表 4-18 用激光干涉仪对数控机床维修实训设备的位置精度进行检测的测量记录

		机床型号			机床编号			测试轴	
测量记录		补偿状态			测试者			测试日期	
		序号	1		2		3	4	5
		目标位置 P/mm							
		趋近方向	↑	↓	↑	↓	↑ ↓	↑ ↓	↑ ↓
	位置偏差 X_{ij}/μm	j=1							
		2							
		3							
		4							
		5							
数据处理结果		单向平均位置偏差 $\overline{X_i}$ /μm							
		标准不确定度 S_i/μm							
		$2S_i$/μm							
		($\overline{X_i}$ $-2S_i$)/μm							
		($\overline{X_i}$ $+2S_i$)/μm							
		单向重复定位偏差 (R_i-$4S_i$)/μm							
		反向差值 B_i/μm							
		双向重复定位精度 R/μm							
		双向平均位置偏差 $\overline{X_i}$ /μm							
		标准	GB/T 20957.4—2007						
		方向	单向↑		单向↓		双向		
		定位精度 A/mm							
		重复定位精度 R/mm							
		平均反向差值 $\overline{B}$ /mm							

项目5　数控铣床升级改造为加工中心

教学导航

知识重点	了解加工中心自动换刀功能的常用方法,掌握通过调用宏程序与PMC程序配合执行,再结合系统参数设置实现加工中心斗笠式刀库自动换刀的工作原理,掌握数控车床四方刀架换刀的工作原理
知识难点	加工中心斗笠式刀库的换刀流程及思路
技能重点	编制加工中心斗笠式刀库换刀的PMC程序和数控车床四方刀架换刀的PMC程序
技能难点	调试与验证加工中心斗笠式刀库换刀的PMC程序和数控车床四方刀架换刀的PMC程序
推荐教学方式	从工作任务入手,通过对加工中心斗笠式刀库自动换刀和数控车床四方刀架换刀的工作原理分析,使学生了解编制宏程序、PMC程序的方法及设置相关系统参数的方法,通过在实训设备上训练,掌握PMC程序调试与验证的方法
推荐学习方法	通过相关的宏程序、PMC程序及相关系统参数的理论学习,基本掌握加工中心斗笠式刀库自动换刀和数控车床四方刀架换刀的工作原理;通过训练进行PMC程序调试与验证,真正掌握所学知识与技能
建议学时	24学时

5.1　项目导入

依据2014年"数控机床装调、维修与升级改造"赛项中任务四"数控铣床升级改造为加工中心"工作任务内容,在本项目中重点介绍PLC程序编制、换刀宏程序编制、设立换刀点。实现加工中心自动换刀功能有两种方法:一是通过PMC编程与系统参数设置实现;二是通过调用宏程序与PMC程序配合执行,再结合系统参数设置实现。第一种方法适合PMC编程与调试能力强,但对系统变量使用及宏程序编制能力较弱的工程技术人员;第二种方法的控制思路清晰,编制的PMC程序相对简单,但要求编程调试人员对数控系统的系统变量使用、宏程序编制较熟练,两种方法各有所长。加工中心配置的刀库常用的有两种形式:盘式刀库(斗笠式刀库)和链式刀库(带换刀机械臂)。链式刀库常用于大型加工中心,刀库容量大,安装调试相对复杂;斗笠式刀库常用于小型加工中心。本项目以FANUC 0i Mate-MD系统数控铣床升级改造为加工中心的斗笠式刀库为例,介绍调用宏程序实现自动换刀的斗笠式刀库控制与调试方法。

5.2　训练目标

1.知识目标

（1）掌握 PMC 的 I/O 地址及其功用。

（2）掌握加工中心斗笠式刀库的换刀流程及思路。

（3）掌握加工中心斗笠式刀库的换刀宏程序的编制方法。

（4）掌握加工中心斗笠式刀库的换刀 PMC 程序的编制方法。

（5）掌握数控车床四方刀架的换刀 PMC 程序的编制方法。

2.能力目标

（1）具备加工中心斗笠式刀库的换刀宏程序的编制能力。

（2）具备加工中心斗笠式刀库的换刀 PMC 程序的编制能力。

（3）具备加工中心斗笠式刀库的换刀 PMC 程序调试与验证的能力。

（4）具备数控车床四方刀架的换刀 PMC 程序的编制能力。

（5）具备数控车床四方刀架的换刀 PMC 程序调试与验证的能力。

3.素质目标

（1）能够应用理论知识指导实践操作。

（2）具有自主分析问题和解决问题的能力。

（3）培养学生刻苦钻研、吃苦耐劳和团队合作精神。

5.3　知识学习

数控机床作为自动控制设备，是在自动控制下进行工作的，数控机床所受控制可分为两类：一类是最终实现对坐标轴运动进行控制的数字控制，即 NC 控制机床各坐标轴的移动距离，各轴运动的插补、补偿等；另一类是"顺序控制"，即在数控机床运行过程中，以 CNC 内部和机床行程开关、传感器、按钮、继电器等的开关量信号状态为条件，并按照预先规定的逻辑顺序对诸如主轴的启停、换向，刀具的更换，工件的加紧、松开，液压、冷却、润滑系统的运行等进行控制，以及机床制造商操作面板按键、设定的报警处理。数控机床利用 PLC 完成顺序控制。

通常所说的 PLC，是一般用于工厂通用设备的自动控制装置，而 PMC 是日本 FANUC 公司开发的专用于数控机床自动控制的 PLC，PMC 和 PLC 所要实现的功能基本是一样的。PMC 也是以微处理器为中心，可视为继电器、定时器、计数器的集合体，在内部顺序处理中，并联或串联常开触点或常闭触点，其逻辑运算结果用来控制线圈的通断。

5.3.1　PLC 的分类

数控机床用 PLC 可分为两类：一类是专为实现数控机床顺序控制而设计制造的"内置

式"（Built-in Type）PLC,数控铣床维修实训设备使用的是内置式 PLC;另一类是输入 / 输出信号接口技术规范、输入 / 输出点数、程序存储容量以及运算和控制功能都符合数控机床控制要求的"独立式"（Stand-alone Type）PLC。

5.3.2　PMC 的循环周期处理

FANUC 数控系统顺序程序由第一级程序和第二级程序两部分组成,如图 5-1 所示。

第一级程序仅处理短脉冲信号,如急停、各进给坐标轴超程、机床互锁信号、返回参考点减速、跳步、进给暂停信号、加工中心大型刀库的计数等。

第二级程序包含数控机床功能的主要内容,如操作方式、辅助功能、换刀等的处理。

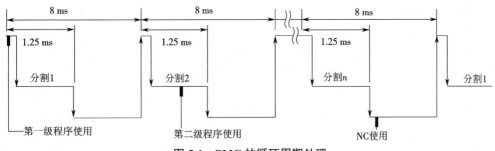

图 5-1　PMC 的循环周期处理

5.3.3　I/O 地址分配

地址用来区分信号,不同的地址分别对应机床侧的输入 / 输出信号、CNC 侧的输入 / 出信号、内部继电器、计数器、保持型继电器、数据表和可变定时器,如图 5-2 所示。

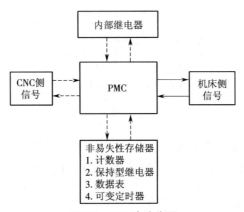

图 5-2　I/O 地址分配

图 5-2 中由实线表示的与 PMC 相关的输入 / 输出信号经由输入 / 输出板的接收电路和驱动电路传送;由虚线表示的与 PMC 相关的输入 / 输出信号仅在存储器中传送,如在 RAM 中传送。这些信号的状态都可以在 CRT 显示器上显示。

1. 地址格式和信号类型

地址包括地址号和位号,其格式如图 5-3 所示。

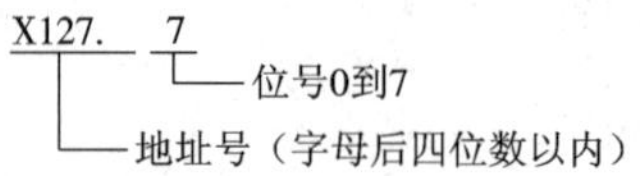

```
X127. 7
      └─ 位号0到7
  └──── 地址号(字母后四位数以内)
```

图 5-3　地址格式

在地址号的开头必须指定一个字母,用来表示表 5-1 中所列的信号类型,在功能指令中指定字节单位的地址时,位号可以省略,如 X127。

表 5-1　PMC 地址分配

字母	信号类型	备注	
		PMC-SA1	PMC-SA3
X	来自机床侧的信号(MT → PMC)	X0~X127(外装 I/O 模块) X1000~X1003(内装 I/O 模块)	
Y	由 PMC 输出到机床侧的信号(PMC → MT)	Y0~Y127(外装 I/O 模块) Y1000~Y1003(内装 I/O 模块)	
F	来自 NC 侧的输入信号(NC → PMC)	F0~F255	
G	由 PMC 输出到 NC 侧的信号(PMC → NC)	G0~G255	
R	内部继电器	R0~R999 R9000~R9099	R0~R1499 R9000~R9117
A	信息显示请求信号	A0~A24	
C	计数器	C0~C79	
K	保持型继电器	K0~K19	
T	可变定时器	T0~T79	
D	数据表	—	D0~D1859
L	标记号	—	L1~L9999
P	子程序	—	P1~P512

2. 查看 I/O 地址分配的方法

在数控铣床维修实训设备上查看 I/O 地址分配的操作步骤如下:按压操作面板按键【SYSTEM】三次 [>]—【PMCCNF】—【模块】,如图 5-4 所示。

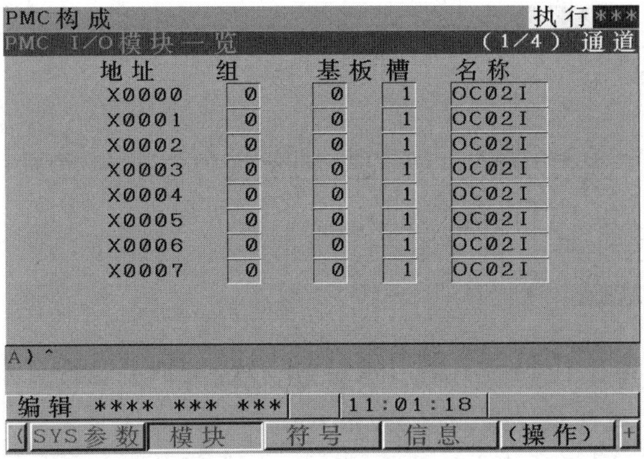

（a）

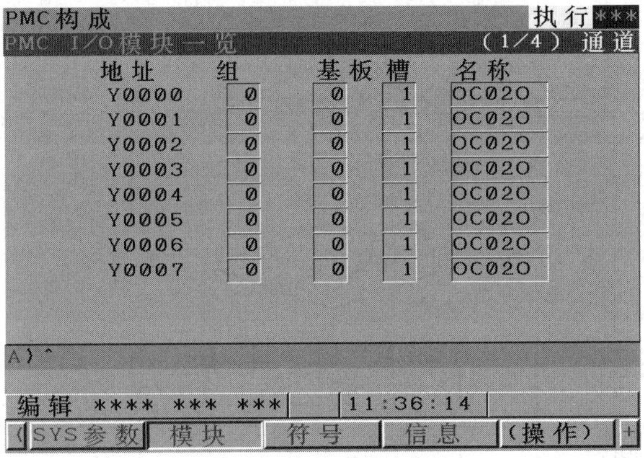

（b）
图 5-4　I/O 地址分配
（a）I/O 地址分配（X 信号）（b）I/O 地址分配（Y 信号）

5.3.4　刀库的控制要求

FANUC 0i Mate-MD 系统数控铣床维修实训设备的刀库使用的是有 12 把刀具的斗笠式刀库，因此本部分内容按立式加工中心斗笠式刀库的控制介绍实施，其他类型的加工中心可参考该方法实施。

刀库的控制分为手动控制和程序自动控制两种方式。手动控制主要用于刀库的安装与调试或维护等，主要有手动选刀及主轴刀具夹紧、松开操作等。程序自动控制主要用于生产中的自动换刀控制。刀库自动换刀的一般换刀动作过程如图 5-5 所示。

读换刀指令→主轴至换刀点→主轴准停→刀库推出→主轴还刀→主轴返回第一参考点
↓
换刀结束←刀库退刀←主轴抓刀←主轴下降到换刀点←刀库选刀

图 5-5　刀库自动换刀的控制过程

5.4 任务实施

本项目主要介绍斗笠式刀库换刀流程及思路、换刀宏程序、换刀 PMC 程序的编写及相关参数的设置、换刀 PMC 程序的调试与验证。

5.4.1 换刀流程及思路

自动换刀需要考虑 T 代码与主轴刀号是否一致、主轴上是否有刀、刀库的刀套号与主轴刀号是否一致,换刀流程及思路如图 5-6 所示。

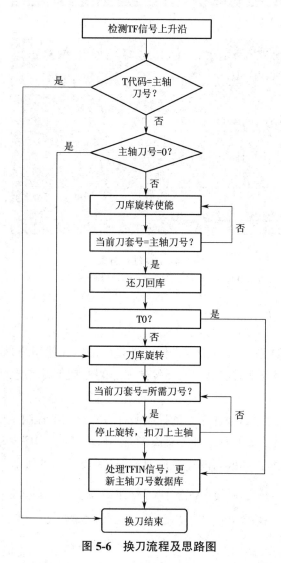

图 5-6 换刀流程及思路图

5.4.2 换刀宏程序

1. 编写换刀宏程序

根据图 5-6 的换刀流程,编制如下"O9001"换刀宏程序。在 EDIT 方式下,按【PROG】程序按钮,输入 O9001,再按【BG】编辑程序,最后按【BG】编辑结束。

O9001;(换刀宏程序号)

IF[#1001EQ1] GOTO 40;(主轴刀号与指令刀号一致,跳到 N40,宏变量 #1001 对应 PMC 程序中 G54.1,EQ 表示"=")

#199=#4003;(G90、G91 模态)

#198=#4006;(G20、G21 模态)

IF[#1003EQ1] GOTO 20;(判定主轴是否有刀,没有刀直接跳到 N20,宏变量 #1003 对应 PMC 程序中 G54.3)

G21 G91 G30 P2 Z0 M19;(Z 轴移到第二参考点主轴定向)

M81;(主轴刀号与刀库当前刀号一致性判断,若不一致,刀库旋转到与主轴刀号一致为止)

M80;(刀库向前,靠近主轴)

M82;(松刀吹气)

G91 G28 Z0;(Z 轴移到第一参考点)

IF[#1002EQ1] GOTO 10;(判定指令是否为 T0,宏变量 #1002 对应 PMC 程序中 G54.2)

M83;(在主轴端,刀库旋转至加工程序指定的刀位)

G91 G30 P2 Z0;(Z 轴移到第二参考点)

N10 M84;(刀具夹紧)

M86;(刀库向后,远离主轴)

GOTO 30;

N20 G21 G91 G28 Z0 M19;(Z 轴移到第一参考点主轴定向)

M83;(在远离主轴端,刀库旋转至加工程序指定的刀位)

M80;(刀库向前,靠近主轴)

M82;(松刀吹气)

G91 G30 P2 Z0;(Z 轴移到第二参考点)

M84;(刀具夹紧)

M86;(刀库向后,远离主轴)

N30 G#199 G#198;(模态恢复)

N40 M99;(子程序结束)

2. 宏程序调用及相关系统参数

用"M06"指令调用换刀宏程序实现刀库的自动换刀控制,相关系统参数设置见表 5-2。

表 5-2　调用换刀宏程序实现刀库的自动换刀相关系统参数

参数号	意义	设置值	说明
6071	用 M 指令调用换刀宏程序 O9001	6	指定 M06 调用宏程序 O9001
3202#4	设置宏程序允许显示、编辑、删除	0	设为"0"时表示允许显示、编辑、删除程序"O9000~O9999"

3. 宏程序中与 PMC 程序 G 地址对应的变量

宏程序中与 PMC 程序直接相关的是宏程序中保存和恢复系统模态、判断跳转条件等内容,因此需要用到系统变量。

1)输入信号变量(G54.1~G54.3)

宏程序中与 PMC 程序输入信号对应的变量说明见表 5-3。

表 5-3　宏程序中与 PMC 程序输入信号对应的变量

信号 / 功能	地址	对应变量
主轴刀号与指令刀号一致	G54.1	#1001
判定主轴是否有刀	G54.3	#1003
判定指令是否为 T0	G54.2	#1002

表 5-3 中,G54.1、G54.2、G54.3 是"0"还是"1"由 PMC 程序的运行结果决定。

2)系统模态信息变量(#4003、#4006)

由于宏程序中使用增量值编程,在执行宏程序前必须保护主程序的系统模态,在执行完宏程序后必须恢复主程序的系统模态,因此需要用到系统模态信息变量。主程序中的系统模态主要有英 / 公制编程和绝对值 / 增量值编程模态,对应的系统变量为"#4003"(对应系统当前所用的编程坐标模态值 G90(绝对)/G91(增量))和"#4006"(对应系统当前所用的编程单位系统 G20(英制)/G21(公制))。

5.4.3　编写 PMC 程序及相关系统参数设置

1. 主轴定向

在换刀过程中主轴定向是主轴需要停在某一固定角度,否则刀具与主轴前端定位块发生碰撞。主轴定向功能主要由 PMC 程序与系统参数设置实现。相关的系统参数设置见表 5-4。

表 5-4　与主轴定向相关的参数及其设置

参数号	意义	设置值	说明
4077	设置主轴准停位置数据	主轴准停位置数据	保存主轴准停的位置数据
4038	设置主轴定向速度	主轴定向速度	保存主轴定向速度

实现主轴定向控制功能的资源及其分配见表 5-5,PMC 参考程序如图 5-7 所示。

表 5-5　主轴定向控制功能的资源及其分配

资源类型	信号 / 功能	地址	说明
输入	主轴定向	X5.4	操作面板上主轴定向按键
	空气压力	X8.3	空气压力检测信号
输出	主轴定向灯	Y5.4	操作面板上主轴定向按键指示灯
内部信号	复位信号	F1.1	系统处于复位状态（RST 信号）
	手轮选择信号	F3.1	手轮进给选择确认信号
	JOG 选择信号	F3.2	手动连续进给选择确认信号
	MDI 选择信号	F3.3	手动数据输入选择确认信号
	DNC 选择信号	F3.4	DNC 运行选择确认信号
	自动选择信号	F3.5	存储器运行选择确认信号
	主轴定向结束信号	F45.7	表示主轴定向结束
	主轴定向信号	G70.6	PMC 向 NC 发出的控制请求信号

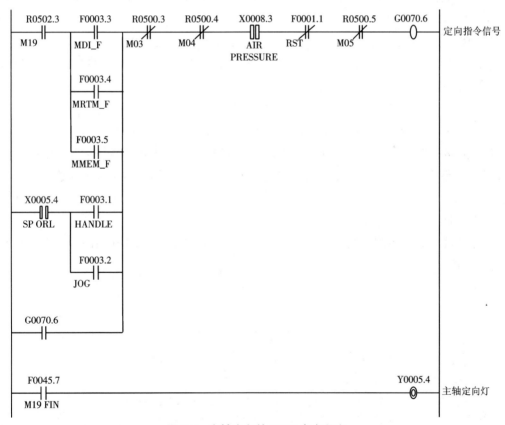

图 5-7　主轴定向的 PMC 参考程序

2.T 代码是否等于主轴刀号的判定

在换刀过程中要进行 T 代码是否等于主轴刀号的判定,实现该功能的资源及其分配,
见表 5-6;PMC 参考程序如图 5-8 所示。

表 5-6 T 代码等于主轴刀号判定的资源及其分配

资源类型	信号 / 功能	地址	说明
内部信号	常"1"信号	R9091.1	PMC 常"1"信号
	复位信号	F1.1	系统处于复位状态(RST 信号)
	T 指令选通信号	F7.3	NC 输出给 PMC 的 T 指令选通信号
	T 指令译码代码寄存器	F26	NC 输出给 PMC 的 T 指令译码代码
	T 指令译码结果信号	R26	保存 T 指令译码数据
	刀库当前刀号译码结果信号	R10	保存刀库当前刀号译码数据
	刀库当前刀号寄存器	C10	可通过 MDI 修改、查询
	T 代码等于主轴刀号信号	G54.1	对应变量 #1001

图 5-8 中的功能指令说明如下。

1)DCNV(数据转换)指令

指令功能:实现二进制代码与 BCD 代码间的互相转换。指令格式如图 5-9 所示。

指令的控制条件如下。

(1)BYT:指定数据大小,"0"表示 1 字节(8 位);"1"表示 2 字节(16 位)。

(2)CNV:指定数据转换类型,"0"表示将二进制代码转换为 BCD 代码;"1"表示将 BCD 代码转换为二进制代码。

(3)RST:复位指令,"0"表示不复位;"1"表示复位。

(4)ACT:执行条件,"0"表示不执行指令;"1"表示执行指令。

(5)错误输出 W1:"0"表示正常;"1"表示转换错误。被转换数据应为 BCD 数据而实际是二进制数据时,或进行二进制数据转换为 BCD 数据时超过预先指定的数据大小(字节长度)时,W1=1。

2)COIN(一致性检测)指令

指令功能:对输入值与比较值进行检测,并输出检测结果,只适用于 BCD 数据。指令格式如图 5-10 所示。

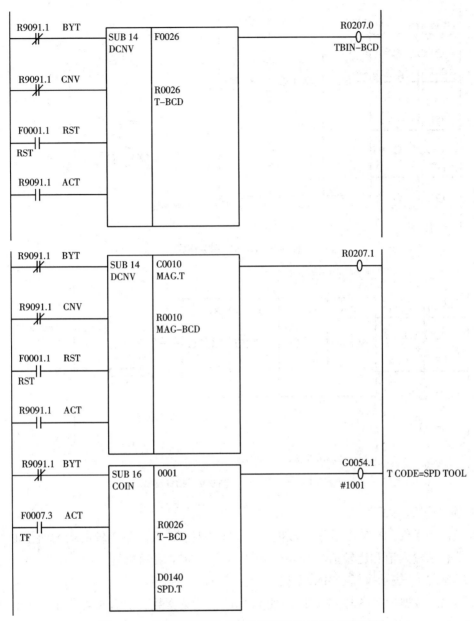

图 5-8　T 代码是否等于主轴刀号判定的 PMC 参考程序

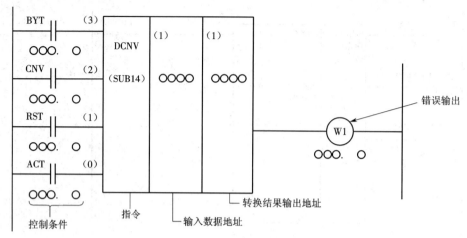

图 5-9　DCNV 指令格式

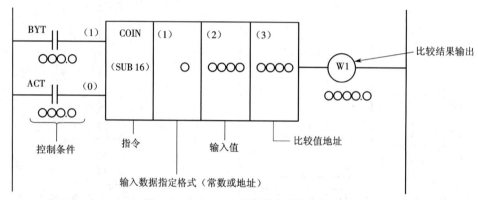

图 5-10　COIN(一致性检测)指令格式

具体指令说明如下。

（1）控制条件：BYT 表示指定数据大小，"0"表示输入值与比较值均为两位 BCD 数据，"1"表示输入值和比较值均为 4 位 BCD 数据；ACT 表示执行条件，"0"表示不执行 COIN 指令，"1"表示执行 COIN 指令。

（2）输入数据指定格式(常数或地址)："0"表示用常数表示输入值；"1"表示用地址指定输入值。

（3）输入值：按指定的数据格式，可以是常数或地址。

（4）比较值地址：存放比较数据的地址。

（5）比较结果输出：输入值不等于比较值，输出结果为"0"；输入值等于比较值，输出结果为"1"。

3.T 代码取值范围判定

本项目使用的斗笠式刀库的容量为 12 把刀具，因此 PMC 程序中要有 T 代码取值范围判定，输入刀号不能超过 T12。实现 T 代码取值范围判定的资源及其分配见表 5-7，PMC 参考程序如图 5-11 所示。

表 5-7   T 代码取值范围判定的资源及其分配

资源类型	信号 / 功能	地址	说明
内部信号	常 "1" 信号	R9091.1	PMC 常 "1" 信号
	T 代码错误信号	R207.3	R207.3 为 "1" 表示 T 代码超出取值范围,即 T>12
	T 代码错误取消信号	R430.3	R430.3 为 "1" 表示取消 T 代码错误信号
	复位信号	F1.1	系统处于复位状态(RST 信号)
	T 指令选通信号	F7.3	NC 输出给 PMC 的 T 指令选通信号

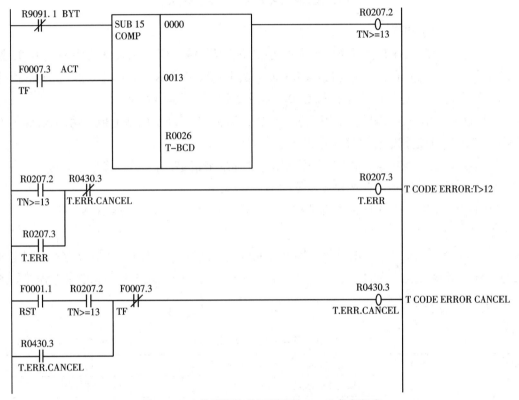

图 5-11   T 代码取值范围判定的 PMC 参考程序

图 5-11 中的功能指令 COMP(数值大小判定指令)说明如下。

指令功能:输入值与比较值进行比较来判定大小。指令格式如图 5-12 所示。

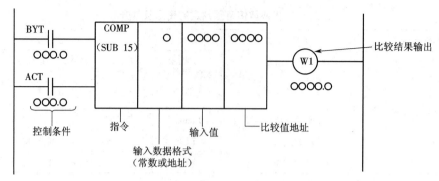

图 5-12 COMP(数值大小判定)指令格式

具体指令说明如下。

（1）控制条件：BYT 表示指定数据大小，"0"表示输入值与比较值均为两位 BCD 数据，"1"表示输入值和比较值均为 4 位 BCD 数据；ACT 表示执行指令，"0"表示不执行 COMP 指令，W1 不变，"1"表示执行 COMP 指令，比较结果输出到 W1。

（2）输入数据格式："0"表示用常数指定输入数据；"1"表示用地址指定输入数据。（不直接指定数据，而是指定存放输入数据的地址）

（3）输入值：可以用常数指定，也可以用存放地址来指定，用参数选择指定方法。

（4）比较值地址：指定存放比较数据的地址。

（5）比较结果输出：W1=0，基准数据 > 比较数据；W1=1，基准数据 ≤ 比较数据。

4. 刀号的判定

本项目的斗笠式刀库要求进行主轴上有无刀具的判定、T 代码指令是否为零的判定及刀库当前刀具换刀点位置的判定。刀号判定的资源及其分配见表 5-8，PMC 参考程序如图 5-13 所示。

表 5-8 刀号判定的资源及其分配

资源类型	信号 / 功能	地址	说明
输出	刀库反转驱动信号	Y2.6	控制刀库反转
内部信号	常"1"信号	R9091.1	PMC 常"1"信号
	T 指令译码结果信号	R26	保存 T 指令译码数据
	刀库计数传感器计数下降沿信号	R1000.0	R1000.0 为"1"表示刀库计数传感器计数 1 次
	刀库向后，远离主轴译码信号	R200.6	M86 信号
	T 指令选通保持信号	R205.1	R205.1 为"1"表示 T 指令选通保持
	T 指令选通信号	F7.3	NC 输出给 PMC 的 T 指令选通信号
	主轴刀号寄存器(数据表)	D140	保存主轴当前刀号
	T 代码等于零信号	G54.2	对应变量 #1002
	主轴上无刀信号	G54.3	对应变量 #1003

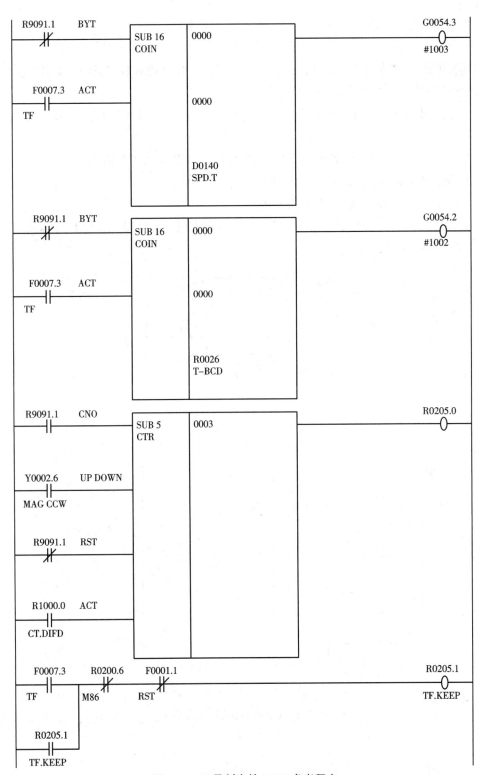

图 5-13　刀号判定的 PMC 参考程序

图 5-13 中的功能指令 CTR（计数器）指令说明如下。

指令功能：CTR 用作计数器进行加 / 减计数，当计数器的值到达设定值时，W1 输出为 1。如预置值或计数值的数字数据，可通过系统参数以 BCD 格式或二进制格式使用。

此类计数器有下列功能，可适用于多种情况。

（1）预置型计数器：当达到预置值输出信号时，预置值可以通过 CTR/MDI 设置或在顺序程序中设置。

（2）环形计数器：达到预置值后，通过给出另一计数信号返回初始值。

（3）加 / 减计数器：计数可以做加或做减。

（4）初始值的选择：可将 0 或 1 选为初始值。

以上功能的组合，可形成环形计数器，如图 5-14 所示。此计数器可用于存储转台的位置。其指令格式如图 5-15 所示。

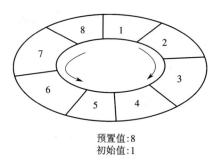

预置值：8
初始值：1

图 5-14　环形计数器

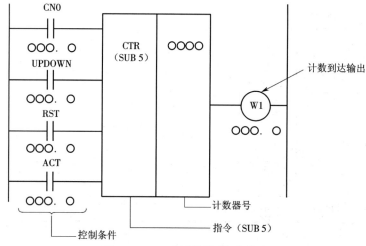

图 5-15　CTR（计数器）指令格式

具体指令说明如下。

（1）控制条件。

①指定初始值（CN0）。

CN0-0：计数器值由 0 开始。

CN0-1:计数器值由 1 开始。

②指定上升型或下降型计数器。

加计数器:当 CN0-0 时,计数器由 0 开始;当 CN0-1 时,计数器由 1 开始。

减计数器:计数器由预置值开始。

③复位(RST)。

RST=0:解除复位。

RST=1:复位。

W1 变为 0,计数器复位为初始值。

④计数信号(ACT),如图 5-16 所示。

ACT=0:计数器不动作,W1 不会变化。

ACT=1:在 ACT 上升时进行计数。

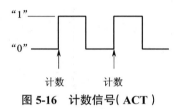

图 5-16　计数信号(ACT)

(2)计数器号:可使用 2 字节的计数器(预置值和累计值均为 2 字节),见表 5-9。

表 5-9　计数器号

PMC 型号	SA1	SA3
计数器号	1~20	1~20

(3)计数到达输出(W1):当达到预置值时,W1=1。W1 的地址可任意决定。

当加计数器达到设定值时,W1 设为 1。

当减计数器达到 0 或 1,W1 设为 1。

5. 刀库按主轴刀号选刀

当执行换刀指令时,若主轴上有刀,需先将主轴上的刀具返还回刀库,刀库再按主轴刀号选刀。刀库按主轴刀号选刀的资源及其分配见表 5-10,PMC 参考程序如图 5-17 所示。

表 5-10 刀库按主轴刀号选刀的资源及其分配

资源类型	信号 / 功能	地址	说明
内部信号	常"1"信号	R9091.1	PMC 常"1"信号
	刀库当前刀号译码结果信号	R10	保存刀库当前刀号译码数据
	主轴刀号与刀库当前刀号一致性判断译码信号	R200.1	M81 信号
	刀库当前刀号与主轴刀号判定旋转控制信号	R205.4	R205.4 为"0"表示刀库需要正转,为"1"表示刀库需要反转
	主轴刀号寄存器(数据表)	D140	保存主轴当前刀号

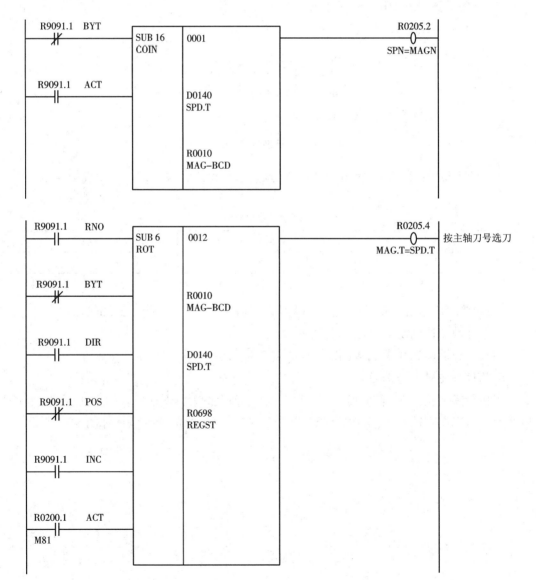

图 5-17 刀库按主轴刀号选刀的 PMC 参考程序

图 5-17 中的功能指令 ROT(旋转控制)指令说明如下。

指令功能：用于回转控制，如刀架、自动换刀装置(ATL)、旋转工作台等，且具有以下功能。

(1)选择短路径的回转方向。

(2)计算由当前位置到目标位置的步数。

(3)计算目标前一位置的位置或到目标位置前一位置的步数。

指令格式如图 5-18 所示。

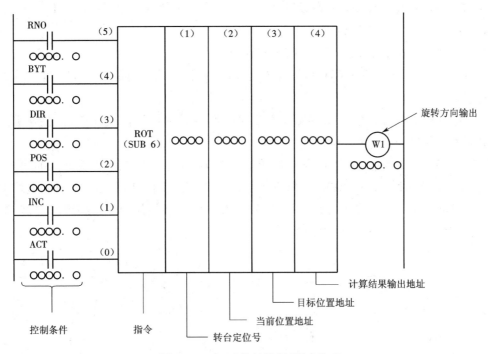

图 5-18　ROT(旋转控制)指令格式

具体指令说明如下。

(1)控制条件。

①指定转台的起始号。

RNO=0：转台的位置号由 0 开始。

RNO=1：转台的位置号由 1 开始。

②指定要处理数据位置的数据位数。

BYT=0：两位 BCD 代码。

BYT=1：四位 BCD 代码。

③是否有短路径选择旋转方向。

DIR=0：不选择，旋转方向仅为正向。

DIR=1：选择短路径方向为旋转方向。

④指定操作条件。

POS=0:计数目标位置。

POS=1:计数目标前一位置的位置。

⑤指定位置数或步数。

INC=0:计数位置数。如要计算目标位置前一位置,指定 INC=0 和 POS=1。

INC=1:计数步数。如要计算当前位置与目标位置之间的差距,指定 INC=1 和 POS=0。

⑥执行指令。

ACT=0:不执行 ROT 指令,W1 没有改变。

ACT=1:执行 ROT 指令。一般设置 ACT=0。如果需要操作结果,设置 ACT=1。

(2)转台定位号:给出转台定位号。

(3)当前位置地址:指定存储当前位置的地址。

(4)目标位置地址:指定存储目标位置的地址(或指令值)。如存储 CNC 输出的 T 代码的地址。

(5)计算结果输出地址:计算转台要旋转的步数,到达目标位置或前一位置的步数。当要使用计算结果时,总要检测 ACT 是否为 1。

(6)旋转方向输出:经由短路径旋转的方向输出至 W1,当 W1=0 时方向为正向(FOR);当 W1=1 时为反向(REV)。FOR 及 REV 的定义如图 5-19 所示。当转台号增加时为 FOR,若减少少为 REV。W1 的地址可任意选定。然而,要使用 W1 的结果时,总要检测 ACT 是否为 1。

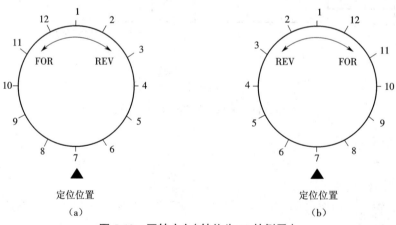

图 5-19　回转方向(转位为 12 的例子)

6. 手动刀库正反转

按下机床操作面板刀库正转、反转按键,刀库实现正、反,转到下一刀位。手动刀库正反转的资源及其分配见表 5-11,PMC 参考程序如图 5-20 所示。

表 5-11 手动刀库正反转的资源及其分配

资源类型	信号 / 功能	地址	说明
输入	急停信号	X8.4	机床紧急停止
输出	刀库反转驱动信号	Y2.6	控制刀库反转
	刀库正转驱动信号	Y2.7	控制刀库正转
	刀库正转指示灯	Y0.7	控制刀库正转指示灯
	刀库反转指示灯	Y1.7	控制刀库反转指示灯
内部信号	复位信号	F1.1	系统处于复位状态（RST 信号）
	手轮选择信号	F3.1	手轮进给选择确认信号
	JOG 选择信号	F3.2	手动连续进给选择确认信号
	MDI 选择信号	F3.3	手动数据输入选择确认信号
	DNC 选择信号	F3.4	DNC 运行选择确认信号
	自动选择信号	F3.5	存储器运行选择确认信号
	第三轴到达第一参考点	F94.2	Z 轴到达第一参考点确认信号
	第三轴到达第二参考点	F96.2	Z 轴到达第二参考点确认信号
	主轴刀号与刀库当前刀号一致性判断译码信号	R200.1	M81 信号
	刀库旋转至加工程序指定的刀位	R200.3	M83 信号
	在第二参考点刀库正转信号	R201.0	R201.0 为"1"表示在第二参考点刀库正转信号
	在第一参考点刀库正转信号	R201.1	R201.1 为"1"表示在第一参考点刀库正转信号
	在第二参考点刀库反转信号	R201.2	R201.2 为"1"表示在第二参考点刀库反转信号
	在第一参考点刀库反转信号	R201.3	R201.3 为"1"表示在第一参考点刀库反转信号
	T 指令选通保持信号	R205.1	R205.1 为"1"表示 T 指令选通保持
	主轴刀号与刀库当前刀号一致性判定信号	R205.2	R205.2 为"1"表示主轴刀号等于刀库当前刀号
	刀库当前刀号与主轴刀号判定旋转控制信号	R205.4	R205.4 为"0"表示刀库需要正转，为"1"表示刀库需要反转
	刀库当前刀号与 T 代码判定旋转控制信号	R206.2	R206.2 为"0"表示刀库需要正转，为"1"表示刀库需要反转
	手动刀库正转信号	R206.3	R206.3 为"1"表示手动刀库正转信号
	手动刀库反转信号	R206.4	R206.4 为"1"表示手动刀库反转信号
	刀库当前刀号与 T 代码一致性判定信号	R208.2	R208.2 为"1"表示刀库当前刀号等于 T 代码

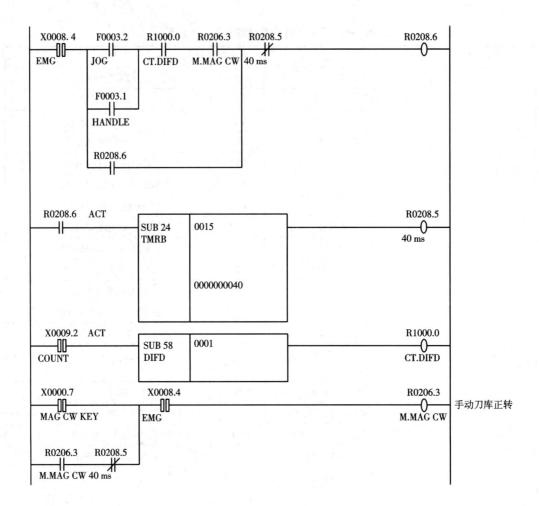

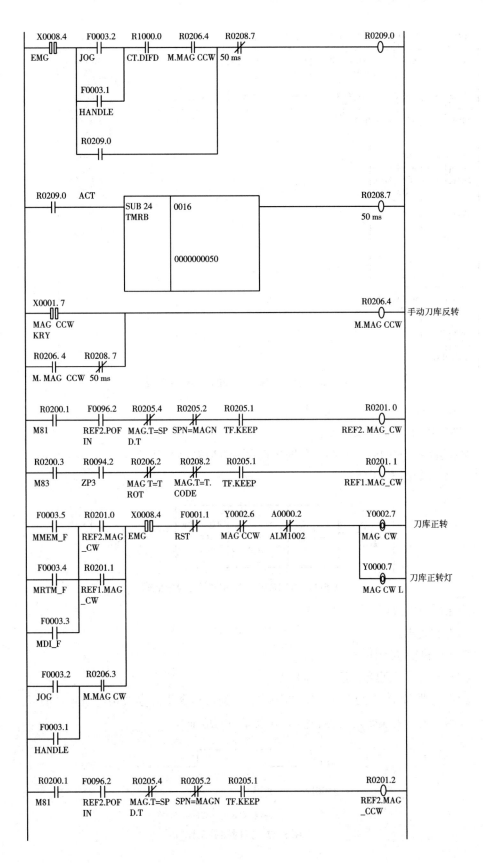

手动刀库反转

刀库正转

刀库正转灯

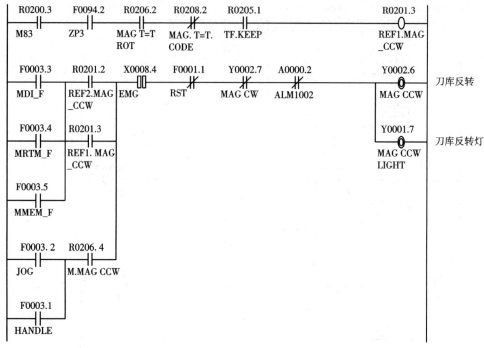

图 5-20 手动刀库正反转的 PMC 参考程序

图 5-20 中的功能指令说明如下。

1)TMRB(固定定时器)指令

指令功能:延时闭合定时器。延时的时间由 TMRB 设定时间。

指令格式如图 5-21 所示。

图 5-21 TMRB(固定定时器)指令格式

具体指令说明如下。

(1)控制要求。

ACT=1:执行 TMRB。

ACT=0:关断时间继电器(TMRB)。

(2)定时器:如图 5-22 所示,ACT 为 1 后,经过指令中的参数预先设定的时间后,定时器置为 ON。设计者决定定时器在内部继电器中的地址。

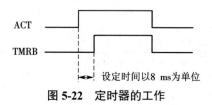

图 5-22 定时器的工作

（3）参数设定。

①定时器号:设定固定定时器的定时器序号（1~100）。

②预置时间:固定定时器每 8 ms 执行一次,预置时间以 8 ms 为单位,余数忽略。

（4）定时器精度:时间在设定时间的 0~8 ms 变动,此定时器的变动时间由固定定时器指令执行操作过程的误差引起。由顺序程序处理时间引起的误差不包括在内。（第二级程序的一个周期）

2）DIFD（下降沿检测）指令

指令功能:读取输入信号的下降沿时输出一个扫描周期时间的"1"信号。

指令格式如图 5-23 所示。

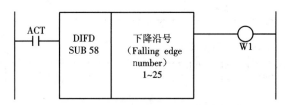

图 5-23　DIFD（下降沿检测）指令格式

具体指令说明如下。

（1）控制条件。

①输入信号:在输入信号的下降沿处（1→0）,将输出信号设置为 1。

②输出信号:此功能指令执行时,输出信号为 1 的状态保持梯形图的一个扫描周期。

（2）参数设定:下降沿号 1~256,指定进行下降沿检测的作业区号;其他上升沿/下降沿检测信号重复时,就不能进行正确检测。

7. 主轴松刀

当主轴松刀信号发出后,打刀缸下行推动拉刀机构下行,从而完成松刀动作。主轴松刀的资源及其分配见表 5-12,PMC 参考程序如图 5-24 所示。

表 5-12　主轴松刀的资源及其分配

资源类型	信号 / 功能	地址	说明
输入	手动松刀按钮	X8.0	手动松刀信号
	急停信号	X8.4	机床紧急停止
输出	打刀信号	Y3.0	控制打刀缸下行
	主轴松刀灯	Y7.0	手动松刀按钮指示灯信号

资源类型	信号 / 功能	地址	说明
内部信号	复位信号	F1.1	系统处于复位状态（RST 信号）
	手轮选择信号	F3.1	手轮进给选择确认信号
	JOG 选择信号	F3.2	手动连续进给选择确认信号
	MDI 选择信号	F3.3	手动数据输入选择确认信号
	DNC 选择信号	F3.4	DNC 运行选择确认信号
	自动选择信号	F3.5	存储器运行选择确认信号
	第三轴到达第二参考点	F96.2	Z 轴到达第二参考点确认信号
	松刀译码信号	R200.2	M82 信号
	刀具夹紧译码信号	R200.4	M84 信号

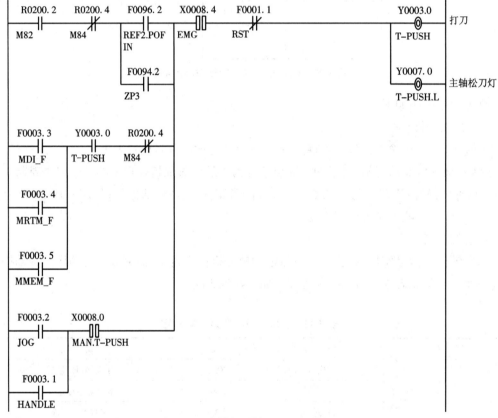

图 5-24 主轴松刀的 PMC 参考程序

8. 刀库向前、向后运动

当机床发出指令换刀时,刀库向前运动接近主轴,换刀完成后刀库向后运动远离主轴。刀库向前、向后运动信号的资源及其分配见表 5-13,PMC 参考程序如图 5-25 所示。

表 5-13   刀库向前、向后运动信号的资源及其分配

资源类型	信号 / 功能	地址	说明
输入	急停信号	X8.4	机床紧急停止
	刀库前位信号	X9.0	刀库前位检测信号
	刀库后位信号	X9.1	刀库后位检测信号
输出	刀库向前信号	Y3.4	控制刀库向前
	刀库向后信号	Y3.5	控制刀库向后
内部信号	复位信号	F1.1	系统处于复位状态(RST 信号)
	第三轴到达第一参考点	F94.2	Z 轴到达第一参考点确认信号
	第三轴到达第二参考点	F96.2	Z 轴到达第二参考点确认信号
	主轴定向结束信号	F45.7	表示主轴定向结束
	主轴 CW(顺时针)旋转信号	G70.4	PMC 向 NC 发出的主轴 CW 旋转信号
	主轴 CCW(逆时针)旋转信号	G70.5	PMC 向 NC 发出的主轴 CCW 旋转信号
	刀库向前译码信号	R200.0	M80 信号
	刀库向后译码信号	R200.6	M86 信号

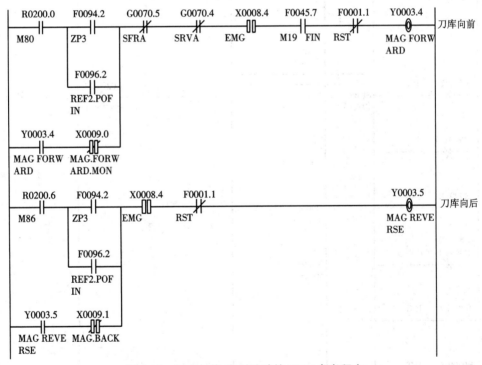

图 5-25   刀库向前、向后运动的 PMC 参考程序

9. 刀库按 T 代码转动

当执行换刀指令时,主轴上没刀,刀库按 T 代码转动到指定位置,准备换刀。刀库按 T 代码转动的资源及其分配见表 5-14,PMC 参考程序如图 5-26 所示。

表 5-14　刀库按 T 代码转动的资源及其分配

资源类型	信号 / 功能	地址	说明
内部信号	刀库当前刀号寄存器	C10	可通过 MDI 修改、查询
	刀库当前刀号译码结果信号	R10	保存刀库当前刀号译码数据
	T 指令译码结果信号	R26	保存 T 指令译码数据
	常 "1" 信号	R9091.1	PMC 常 "1" 信号
	刀库旋转至加工程序指定的刀位	R200.3	M83 信号
	刀库当前刀号与 T 代码一致性判定信号	R208.2	R208.2 为 "1" 表示刀库当前刀号等于 T 代码
	刀库当前刀号与 T 代码判定旋转控制信号	R206.2	R206.2 为 "0" 表示刀库需要正转,为 "1" 表示刀库需要反转

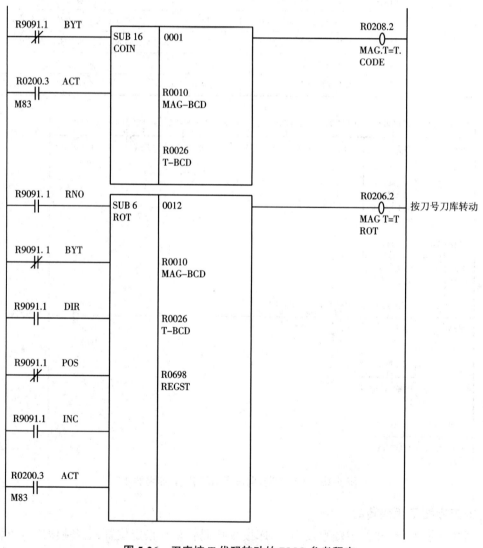

图 5-26　刀库按 T 代码转动的 PMC 参考程序

10.M、T 完成信号

当换刀完成后,M、T 发出完成信号。M、T 完成信号的资源及其分配见表 5-15,PMC 参考程序如图 5-27 所示。

表 5-15　M、T 完成信号的资源及其分配

资源类型	信号 / 功能	地址	说明
输入	刀具锁紧信号	X8.2	刀具锁紧检测信号
	刀库前位信号	X9.0	刀库前位检测信号
	刀库后位信号	X9.1	刀库后位检测信号
内部信号	辅助功能代码信号	F10	M 指令译码信号
	主轴定向信号	G70.6	PMC 向 NC 发出的控制请求信号
	常"1"信号	R9091.1	PMC 常"1"信号
	刀库向前译码信号	R200.0	M80 信号
	主轴刀号与刀库当前刀号一致性判断译码信号	R200.1	M81 信号
	松刀译码信号	R200.2	M82 信号
	刀库旋转至加工程序指定的刀位	R200.3	M83 信号
	刀具夹紧译码信号	R200.4	M84 信号
	刀库向后,远离主轴译码信号	R200.6	M86 信号
	主轴刀号与刀库当前刀号一致性判定信号	R205.2	R205.2 为"1"表示主轴刀号等于刀库当前刀号
	刀库当前刀号与主轴刀号判定旋转控制信号	R205.4	R205.4 为"0"表示刀库需要正转,为"1"表示刀库需要反转
	主轴定向译码信号	R502.3	M19 信号

```
    R0502.3   G0070.6                                              R0202.5
      ┤├        ┤├                                                   ◯
    M19                                                            M19-FIN

    R0200.0   X0009.0                                              R0202.0
      ┤├        ┨┠                                                   ◯
    M80       MAG.FORW                                             M80-FIN
              ARD.MON

    R0200.1   R0205.2                                              R0202.1
      ┤├        ┤├                                                   ◯
    M81       SPN=MAGN                                             M81-FIN

    R0200.2   X0008.1                                              R0202.2
      ┤├        ┨┠                                                   ◯
    M82       TOOL OPEN                                            M82-FIN

    R0200.3   R0208.2                                              R0202.3
      ┤├        ┤├                                                   ◯
    M83       MAG.T=T.CODE                                         M83-FIN

    R0200.4   X0008.2                                              R0202.4
      ┤├        ┨┠                                                   ◯
    M84       TOOL LOCK                                            M84-FIN

    R0200.6   X0009.1                                              R0202.6
      ┤├        ┨┠                                                   ◯
    M86       MAG.BACK                                             M86-FIN

    R0202.0                                                        R0206.7
      ┤├                                                             ◯
    M80-FIN                                                        M-FIN

    R0202.1
      ┤├
    M81-FIN

    R0202.2
      ┤├
    M82-FIN

    R0202.3
      ┤├
    M83-FIN

    R0202.4
      ┤├
    M84-FIN

    R0202.5
      ┤├
    M19-FIN

    R0202.6
      ┤├
    M86-FIN
```

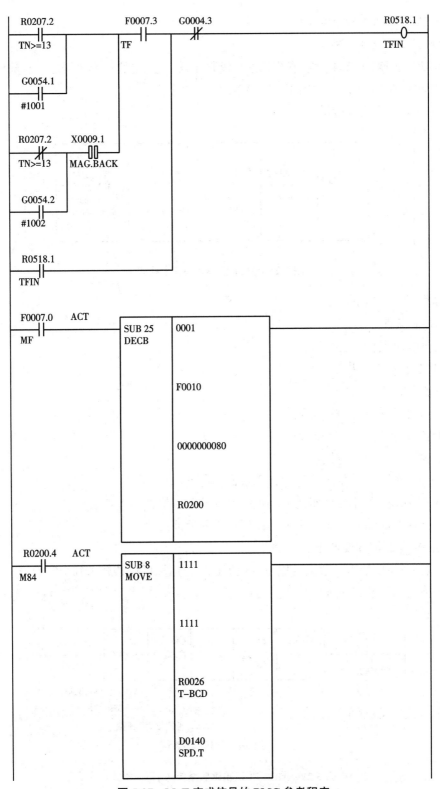

图 5-27　M、T 完成信号的 PMC 参考程序

图 5-27 中的功能指令说明如下。

1)DECB(二进制译码)指令

指令功能:可对 1、2、4 个字节的二进制代码译码,当指定的八位数据之一与被译码的代码数据相同时,输出为 1,一般用于 M、T 代码译码。

指令格式如图 5-28 所示。

图 5-28　M、T 代码译码指令格式

具体指令说明如下。

(1)控制条件。

ACT=0:将所有输出位复位。

ACT=1:执行译码指令。

(2)格式指定。

0001:1 个字节长二进制译码。

0002:2 个字节长二进制译码。

0004:4 个字节长二进制译码。

(3)代码数据地址:给定一存储代码数据的地址。

(4)译码指定:给定要译码的 8 个连续数字的第一位。

(5)译码结果地址:给定一个输出译码结果的地址。

2)MOVE(逻辑乘数据传送)指令

指令功能:将要处理的数据与比较的数据进行与运算后将结果送到指定地址。

指令格式如图 5-29 所示。

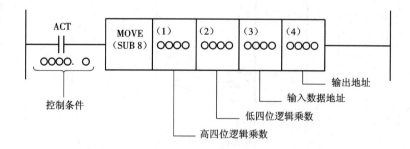

图 5-29　MOVE(逻辑乘数据传送)指令格式

具体指令说明如下。

（1）控制条件。

ACT=0：不操作。

ACT=1：执行指令。

（2）高四位逻辑乘数：1 个字节中高四位 7、6、5、4 的乘数。

（3）低四位逻辑乘数：1 个字节中低四位 3、2、1、0 的乘数。

（4）输入数据地址：输入数据的地址。

（5）输出地址：输入数据地址中的数据，经逻辑乘后所得数据存储的地址。

5.4.4　机床换刀功能调试与验证

为了调试整个机床换刀程序，将手动及指令控制、宏程序调用换刀控制等功能的 PMC 程序全面综合，编辑后输入系统，并保存在 F-ROM 中，运行 PMC 程序，再调试与验证机床换刀功能。综合后的换刀 PMC 程序如图 5-30 所示。

刀库是一个精密装置，在刀库的安装与调试过程中，因功能（程序）设计不正确极易损坏刀库，因此在刀库调试的过程中需要设置 Z 轴第一、第二参考点和主轴准停角度。

1. 第一参考点

按【SYSTEM】在参数界面搜索参数 1815，修改 1815#4=0，会出现报警界面（关机重启）。重启之后按【POS】坐标按键，松开急停，选择操作方式【JOG】，把机床的三个轴开到需要设置的参考点位置上，在参数界面修改参数 1815#4=1，会出现报警界面（关机重启）。

验证：重启之后按【POS】坐标按键看坐标显示是否为零，松开急停，选择操作方式【JOG】，调节手动倍率缓慢把机床开到中间位置观察坐标显示，选择【REF】按下【Z+】按键，再按下【返参】按键，如果坐标为零停止且是刚才设置的位置，则按以上步骤进行 X、Y 轴的返参考点，如都是刚才设置的位置，则设置成功。

2. 准停角度

在第一参考点的基础上，将对刀环规手动插入刀库某一刀位中，然后将插入对刀环规的刀位手动转到当前刀位，对刀环规如图 5-31 所示。再按下气阀手动按钮，将刀库移动到刀库前位，此时各个轴将锁住，所以要将参数 3003#0、#2、#3 改为 1。然后将 Z 轴下移，同时调整主轴角度，调整到能与对刀环规的槽配合上，再查看诊断参数 445（SYSTEM—诊断—搜索 445）中的值（先设置 3117#1=1，否则 445 中无显示），并输到参数 4077 中。

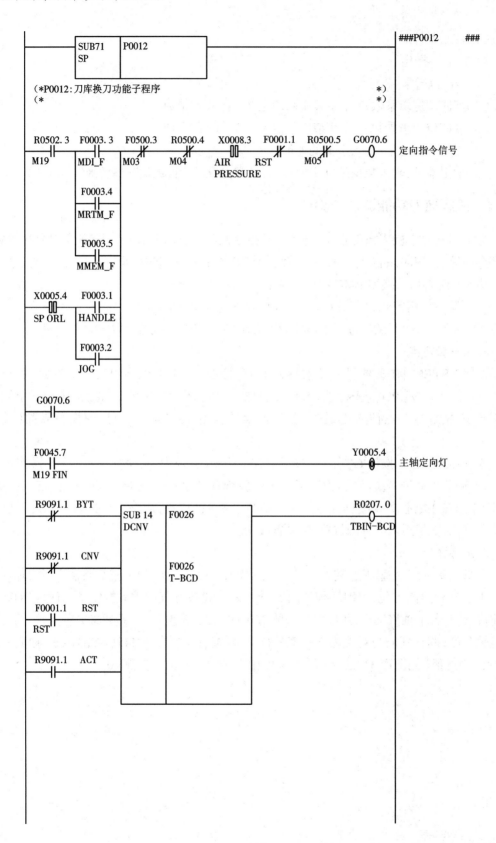

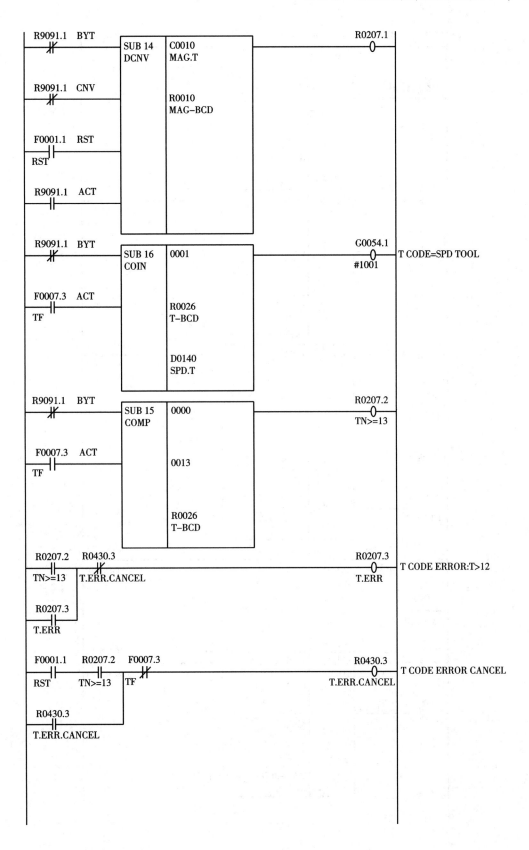

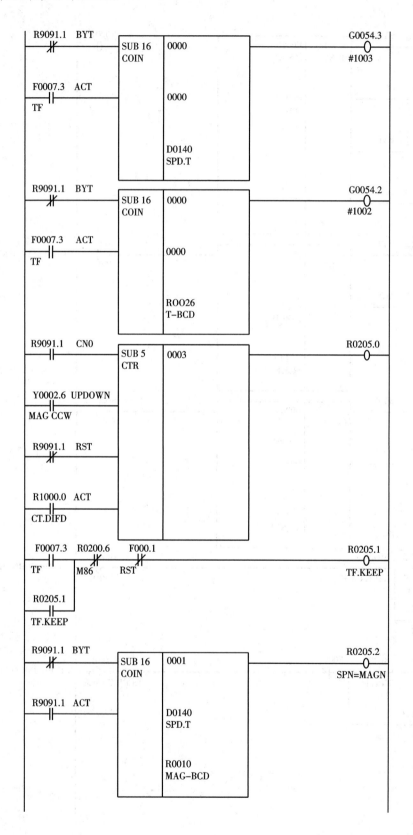

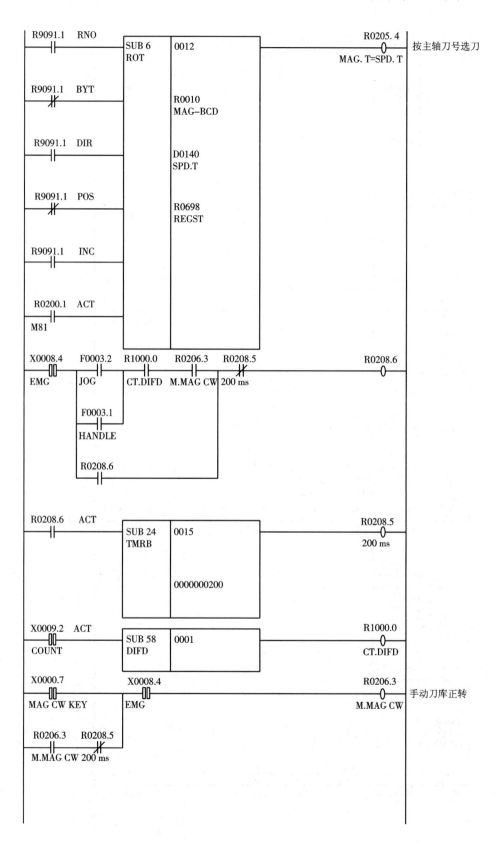

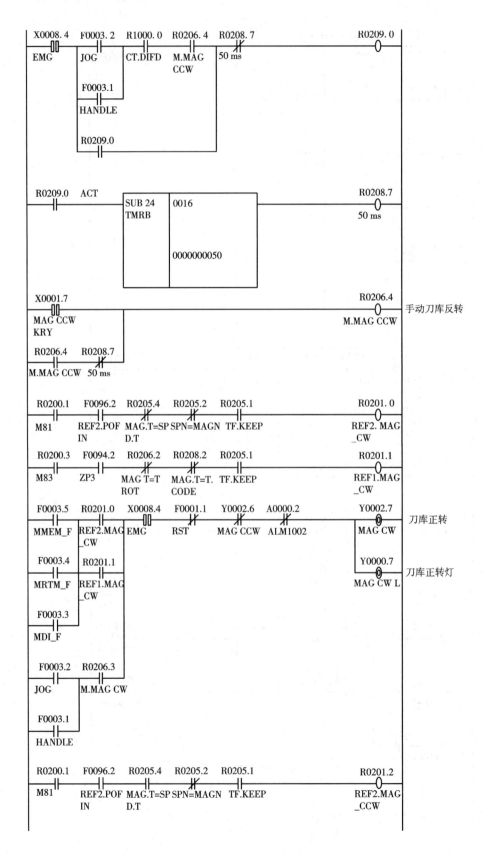

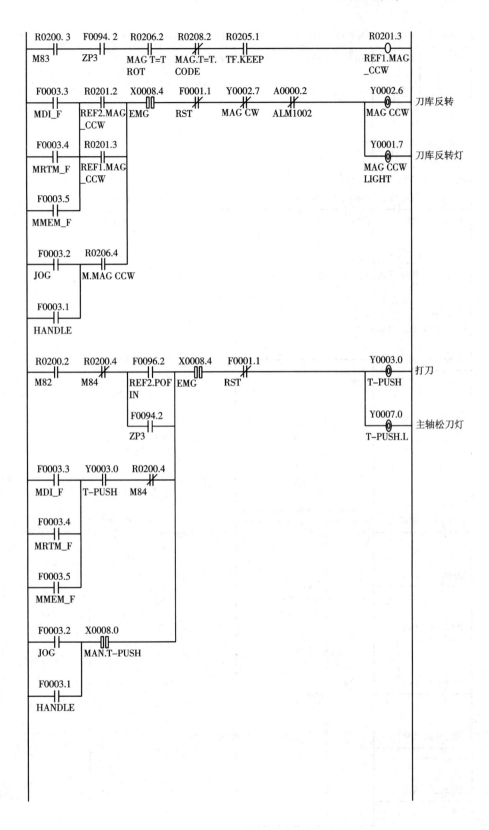

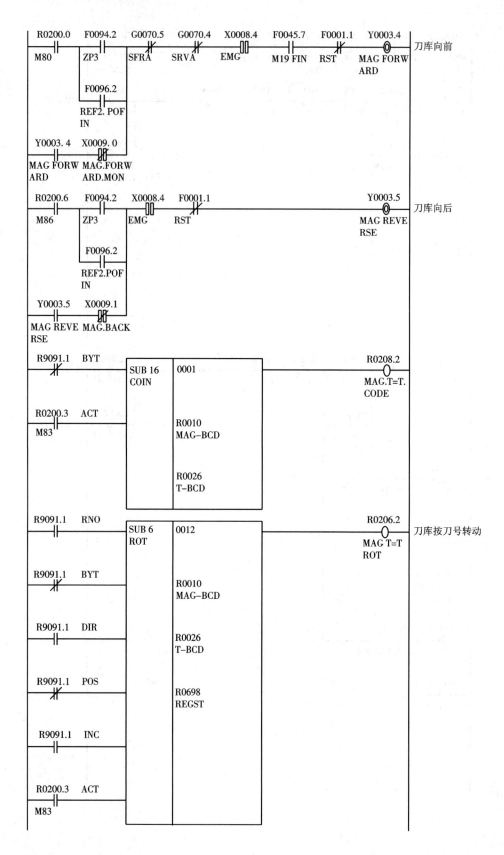

```
 R0502.3   G0070.6                                          R0202.5
 ├─┤ ├───────┤ ├──────────────────────────────────────────( )
 M19                                                       M19-FIN


 R0200.0   X0009.0                                          R0202.0
 ├─┤ ├───────┤ ├──────────────────────────────────────────( )
 M80      MAG.FORW                                         M80-FIN
          ARD.MON

 R0200.1   R0205.2                                          R0202.1
 ├─┤ ├───────┤ ├──────────────────────────────────────────( )
 M81      SPN=MAGN                                         M81-FIN


 R0200.2   X0008.1                                          R0202.2
 ├─┤ ├───────┤/├──────────────────────────────────────────( )
 M82      TOOL OPEN                                        M82-FIN


 R0200.3   R0208.2                                          R0202.3
 ├─┤ ├───────┤ ├──────────────────────────────────────────( )
 M83      MAG.T=T.CODE                                     M83-FIN


 R0200.4   X0008.2                                          R0202.4
 ├─┤ ├───────┤ ├──────────────────────────────────────────( )
 M84      TOOL LOCK                                        M84-FIN


 R0200.6   X0009.1                                          R0202.6
 ├─┤ ├───────┤/├──────────────────────────────────────────( )
 M86      MAG.BACK                                         M86-FIN


 R0202.0                                                    R0206.7
 ├─┤ ├─┬────────────────────────────────────────────────( )
 M80-FIN │                                                 M-FIN
         │
 R0202.1 │
 ├─┤ ├───┤
 M81-FIN │
         │
 R0202.2 │
 ├─┤ ├───┤
 M82-FIN │
         │
 R0202.3 │
 ├─┤ ├───┤
 M83-FIN │
         │
 R0202.4 │
 ├─┤ ├───┤
 M84-FIN │
         │
 R0202.5 │
 ├─┤ ├───┤
 M19-FIN │
         │
 R0202.6 │
 ├─┤ ├───┤
 M86-FIN │
```

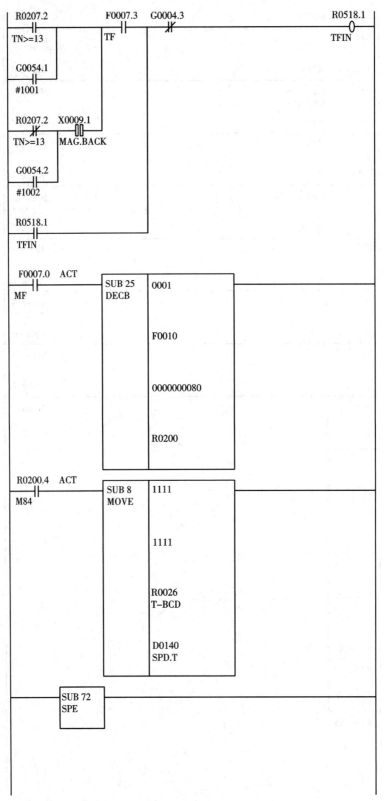

图 5-30　机床换刀的 PMC 参考程序

 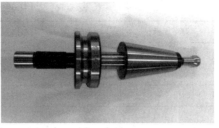

（a）   （b）

图 5-31   对刀环规

（a）对刀环规单件   （b）对刀环规组合

1—环规；2—锥柄；3—检验棒

验证：选择 MDI 方式按下输入 M19，查看主轴是否以设定的角度准停。

3. 第二参考点

将 Z 轴升起，把锥柄放进主轴中，然后用手轮将 Z 轴往下降，当主轴接近对刀环规时，改用手轮倍率 ×1 移动，移动到与对刀环规刚刚接触上（理想的），如图 5-32 所示。再按面板上【POS】键，显示当前机床各轴坐标值，记下 Z 轴当前坐标值，并将该值输到参数 1241 中。

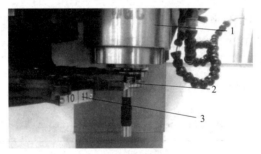

图 5-32   对刀环规设置第二参考点

1—主轴；2—对刀环规；3—刀库

机床换刀调试与验证步骤如下。

（1）用图 5-30 所示的程序代替前述与刀库控制有关的所有 PMC 程序后，传入系统并保存在 F-ROM 中，运行 PMC 程序。

（2）将前面宏程序例"O9001"输入系统并保存在系统中。

（3）按照训练项目中所描述的参数及其设置值设置对应的参数。

（4）系统断电重启后，按照上述的手动控制及指令控制功能分别进行验证，若功能正常，则说明程序和参数设置正确，否则检查程序及参数设定值，直至机床换刀功能正确。

（5）在单程序段运行状态下，运行 M06 指令（自动换刀指令），观察机床每步的动作是否与图 5-6 所示的换刀控制流程一致，若一致，则刀库控制功能全部实现；如某一步的功能不正常，则检查对应的程序及参数设置值，直至正常为止。也可以按照表 5-16 所示 YL-569 机床换刀程序调试表来验证机床换刀功能是否正常。

表 5-16　YL-569 机床换刀程序调试表

序号	刀库换刀位	主轴刀号	T指令	结果(√)	观察现象
1	9	9	5		JOG 方式手动松刀
2	9	9	5		手轮方式手动松刀
3	9	9	5		JOG 方式刀库正、反转
4	9	9	5		自动方式最短路径换刀
5	5	5	10		自动方式最短路径换刀
6	7	10	8		自动方式最短路径换刀
7	8	8	0		自动方式最短路径换刀
8	2	2	15		报警 EX1017 TOOL No.>12

注:此表用于检测主轴、刀库换刀动作是否正确,重点在于有无最短路径换刀,刀号是否正确,能否实现主轴 T0,T>12 有报警,JOG、手轮方式能手动松刀,JOG 方式刀库能正、反转。

换刀宏程序、PMC 程序的编写与调试的经验分享:
(1)对斗笠式刀库换刀流程及思路要清晰;
(2)依据换刀流程编写换刀宏程序和 PMC 程序;
(3)编写 PMC 程序时建议加注释,便于阅读和理解;
(4)会查阅相关技术说明书,掌握 PMC 程序中 F、G 指令和功能指令的具体使用方法;
(5)刀库换刀功能验证时,要按换刀流程逐步调试与验证,分项正确后再整体调试与验证。

填写斗笠式刀库换刀调试运行记录表,见表 5-17。

表 5-17　斗笠式刀库调试运行记录表

步骤	正常调试过程记录	遇到的问题和解决方法
换刀宏程序的编制		
PMC 编程及调试过程		
PMC 程序的存储		

教师、学生可按照表 5-18 对本次实训进行评分。

表 5-18　斗笠式刀库换刀调试评分表

班级_____	工作形式 □个人 □小组分工 □小组		实践工作时间_____	
训练项目	训练内容	训练要求	学生自评	教师评分

斗笠式刀库换刀调试	1. 工作计划（20 分）	工作计划制定合理，操作步骤正确		
	2. 调试运行记录（30 分）	调试运行记录详细；换刀宏程序、PMC 程序调试过程中，遇到问题能够独立解决；具有独立的工作能力，能够根据手册查找功能指令进行编程及调试		
	3. 功能测试（40 分）	参考图 5-6 所示的换刀控制流程或表 5-16 所示 YL-569 机床换刀程序调试表，能够独立完成控制要求的检查，符合控制要求		
	4. 职业素养与安全意识（10 分）	现场操作符合安全操作规程；团队既有分工又有合作，配合紧密，遵守纪律，尊重教师，爱惜设备和器材，保持工位的整洁		

知识、技能归纳

通过训练熟悉了加工中心斗笠式刀库的换刀流程及思路，亲身实践了斗笠式刀库换刀宏程序、PMC 程序的编制及其相关系统参数的设置，并且实践了斗笠式刀库换刀 PMC 程序调试与验证方法。

5.5　技能拓展

数控车床四方刀架 PMC 程序的编写、调试与验证

1. 拓展目标

（1）了解数控车床四方刀架的换刀工作原理。

（2）编写数控车床四方刀架的程序。

（3）调试与验证数控车床四方刀架换刀程序。

四方刀架如图 5-33 所示。

图 5-33　四方刀架

2. 四方刀架换刀控制要求

1)手动操作方式

按数控机床操作面板【换刀】键,电机正转,刀架抬升,到达下一刀位时,电机反转,刀架下降锁紧,换刀完成。

2)MDI 或自动操作方式

执行 T0101~T0404 指令时,可以到达指定刀位。

四方刀架换刀电气原理图如图 5-34 所示。

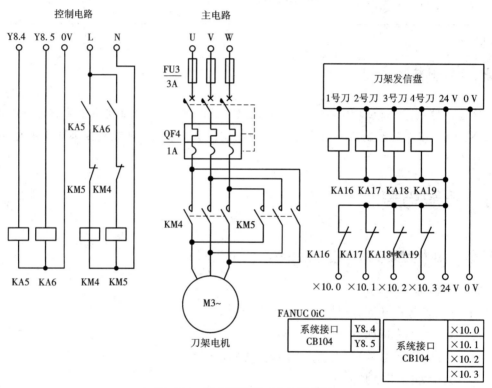

图 5-34 四方刀架换刀电气原理图

3. 分析换刀控制过程

按下数控机床操作面板【换刀】按键—PMC 输出____为 DC24 V—继电器 KA____线圈得电—KA 常开触点闭合—接触器 KM____线圈得电—KM____主触点闭合—电动四方刀架正转换刀—转到下一刀位—此时该刀位____发出到位信号—PMC 输入(四个刀位对应的 PMC 输入点____、____、____、____之中有一个为 DC0 V)—PMC 输出____为 DC0 V、____为 DC24 V—继电器 KA____线圈得电—KA____常开触点闭合—接触器 KM____线圈得电—KM____主触点闭合—电动四方刀架反转锁紧(反转锁紧时间____秒由 PMC 定时器定义)。

4. 四方刀架换刀的工作流程

四方刀架换刀的工作流程如图 5-35 所示。

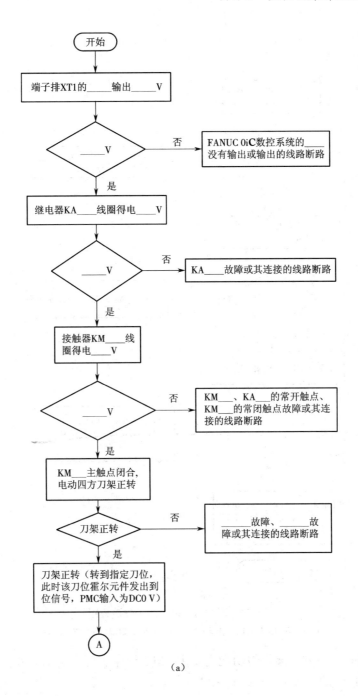

（a）

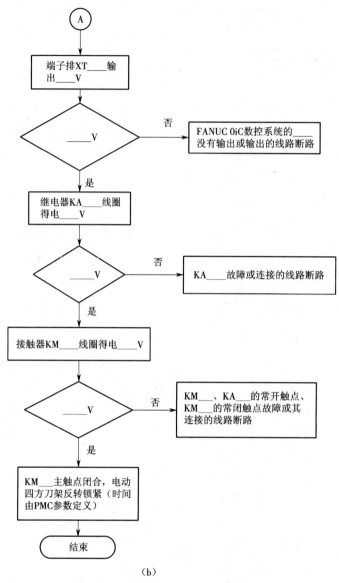

（b）

图 5-35 四方刀架换刀的工作流程图

（a）四方刀架正转的工作流程图 （b）四方刀架反转的工作流程图

在换刀过程中，四方刀架换刀功能主要由 PMC 程序实现。实现四方刀架控制功能的资源及其分配见表 5-19。

表 5-19　实现四方刀架控制功能的资源及其分配

资源类型	信号 / 功能	地址	说明
输入	刀架信号 T1	X10.0	刀架位置检测信号 T1
	刀架信号 T2	X10.1	刀架位置检测信号 T2
	刀架信号 T3	X10.2	刀架位置检测信号 T3
	刀架信号 T4	X10.3	刀架位置检测信号 T4
	操作面板换刀按键地址	X11.4	手动控制换刀信号
输出	刀架正转驱动信号	Y8.4	控制刀架正转
	刀架反转驱动信号	Y8.5	控制刀架反转
	换刀指示灯信号	Y14.7	控制刀架指示灯
内部信号	复位信号	F1.1	系统处于复位状态（RST 信号）
	手轮选择信号	F3.1	手轮进给选择确认信号
	JOG 选择信号	F3.2	手动连续进给选择确认信号
	MDI 选择信号	F3.3	手动数据输入选择确认信号
	T 指令选通信号	F7.3	NC 输出给 PMC 的 T 指令选通信号
	T 指令译码代码寄存器	F26	NC 输出给 PMC 的 T 指令译码代码
	手动换刀按键的上升沿	R620.0	
	对 R620.0 进行保持输出	R620.2	

　　根据四方刀架的工作原理及四方刀架控制功能的资源及其分配编写 PMC 程序实现数控车床电动四方刀架的手动和自动换刀。

　　已知：刀架信号 T1—X10.0、T2—X10.1、T3—X10.2、T4—X10.3；刀架正转地址 Y8.4、刀架反转地址 Y8.5，操作面板换刀按键地址 X11.4，换刀指示灯地址 Y14.7。

　　要求：刀架正转停止后延时 50 ms 再接通刀架反转，反转时间 1 s，完成换刀动作；换刀超时 5 s 后有换刀超时报警，刀架停止转动。

　　PMC 参考程序如图 5-36 所示。

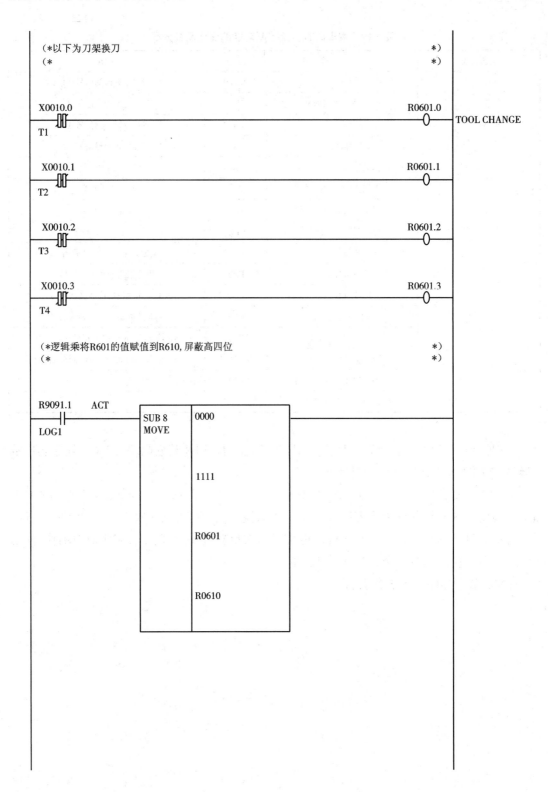

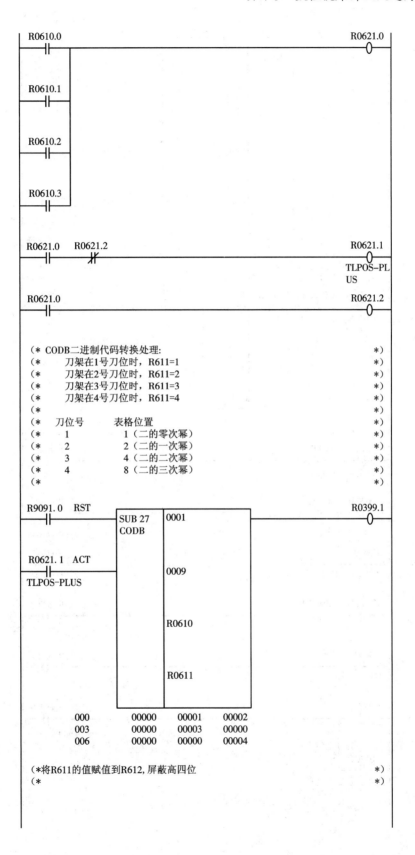

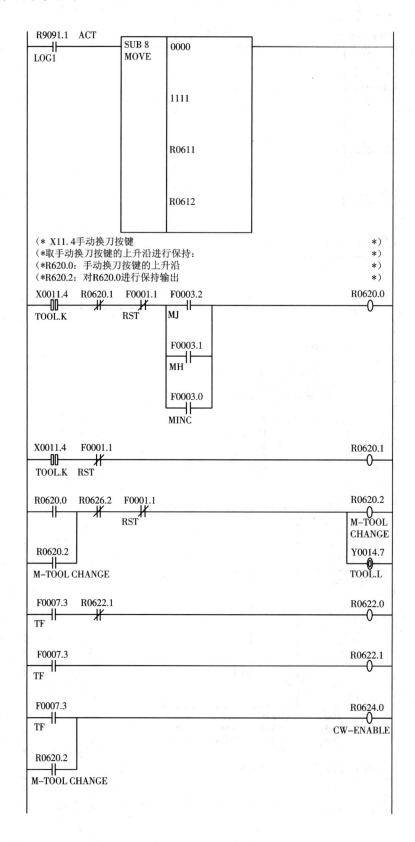

(* X11.4手动换刀按键 *)
(*取手动换刀按键的上升沿进行保持: *)
(*R620.0：手动换刀按键的上升沿 *)
(*R620.2：对R620.0进行保持输出 *)

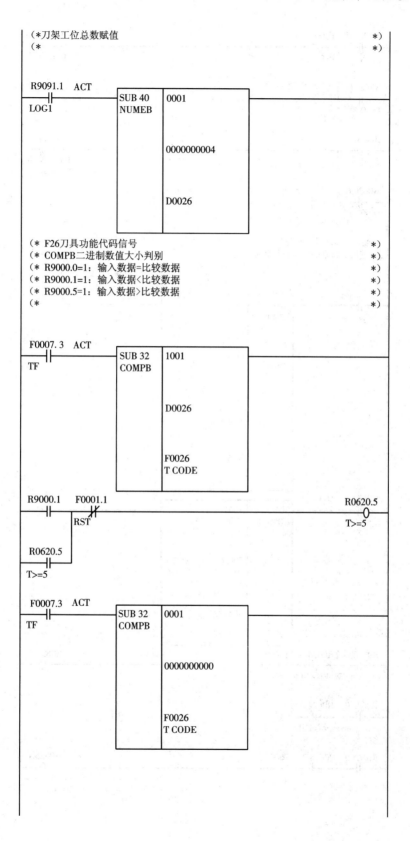

(*刀架工位总数赋值　　　　　　　　　　　　　　　　　　　　　　*)
(*　　　　　　　　　　　　　　　　　　　　　　　　　　　　　　*)

R9091.1 ACT

LOG1

SUB 40	0001
NUMEB	
	0000000004
	D0026

(* F26刀具功能代码信号　　　　　　　　　　　　　　　　　　　　*)
(* COMPB二进制数值大小判别　　　　　　　　　　　　　　　　　*)
(* R9000.0=1：输入数据=比较数据　　　　　　　　　　　　　　　*)
(* R9000.1=1：输入数据<比较数据　　　　　　　　　　　　　　　*)
(* R9000.5=1：输入数据>比较数据　　　　　　　　　　　　　　　*)
(*　　　　　　　　　　　　　　　　　　　　　　　　　　　　　　*)

F0007.3 ACT

TF

SUB 32	1001
COMPB	
	D0026
	F0026
	T CODE

R9000.1 F0001.1　　　　　　　　　　　　　　　　　　　R0620.5
　　　　　RST　　　　　　　　　　　　　　　　　　　　　T>=5

R0620.5
T>=5

F0007.3 ACT

TF

SUB 32	0001
COMPB	
	0000000000
	F0026
	T CODE

145

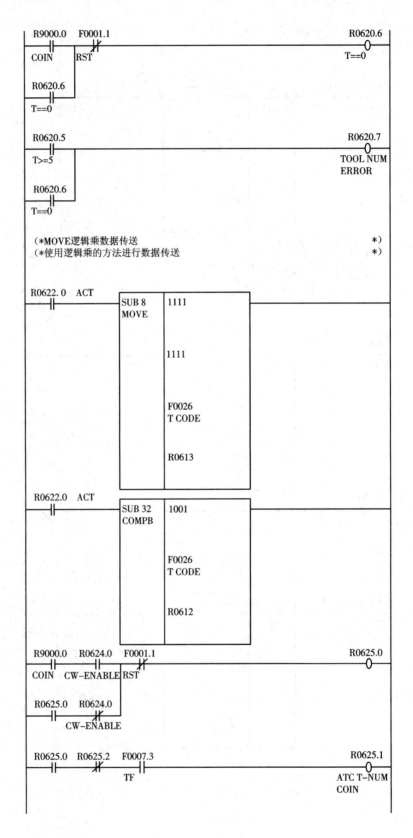

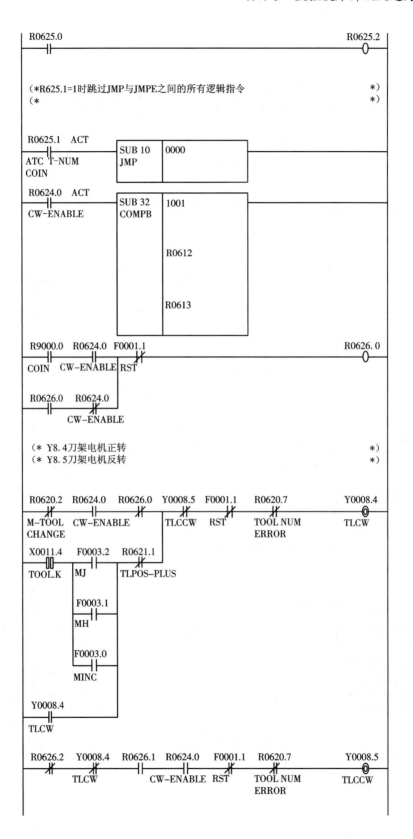

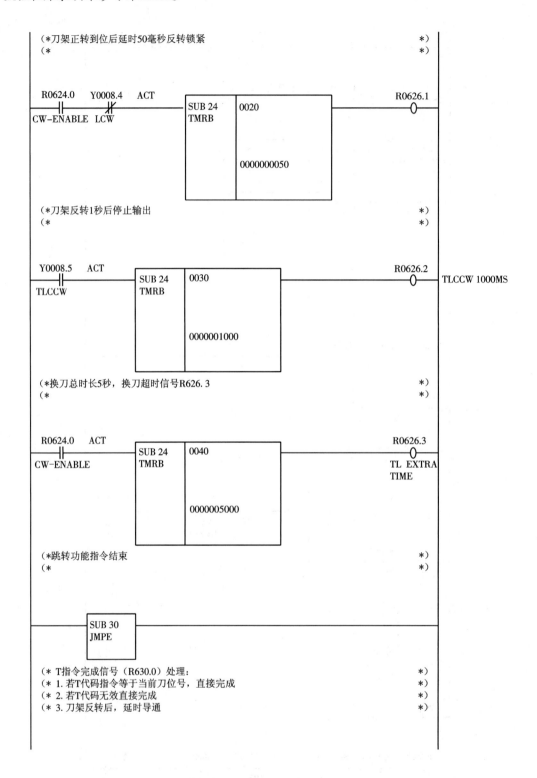

(*刀架正转到位后延时50毫秒反转锁紧   *)
(*   *)

R0624.0   Y0008.4   ACT   R0626.1

CW-ENABLE LCW   SUB 24   0020
                              TMRB

                                      0000000050

(*刀架反转1秒后停止输出   *)
(*   *)

Y0008.5   ACT   R0626.2

TLCCW   SUB 24   0030   TLCCW 1000MS
                              TMRB

                                    0000001000

(*换刀总时长5秒，换刀超时信号R626.3   *)
(*   *)

R0624.0   ACT   R0626.3

CW-ENABLE   SUB 24   0040   TL EXTRA
                              TMRB   TIME

                                    0000005000

(*跳转功能指令结束   *)
(*   *)

SUB 30
JMPE

(* T指令完成信号（R630.0）处理：   *)
(* 1.若T代码指令等于当前刀位号，直接完成   *)
(* 2.若T代码无效直接完成   *)
(* 3.刀架反转后，延时导通   *)

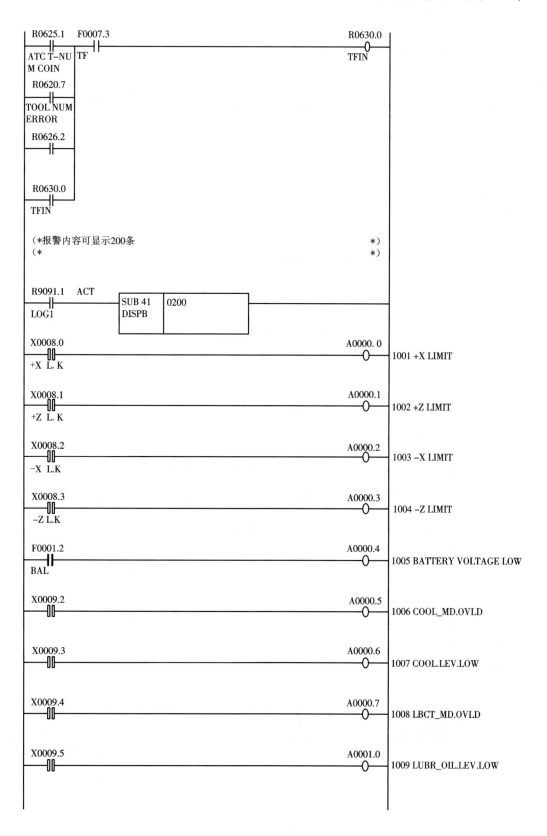

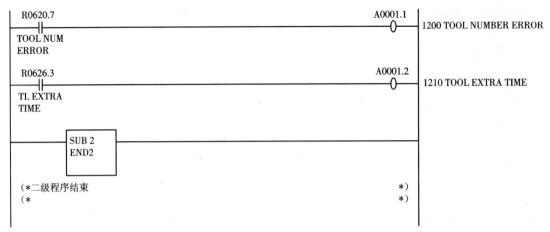

图 5-36　四方刀架换刀的 PMC 参考程序

图 5-36 中的功能指令说明如下。

1)NUMEB(二进制常数赋值)指令

指令功能：定义 1、2、4 字节长的二进制形式的常数。

指令格式如图 5-37 所示。

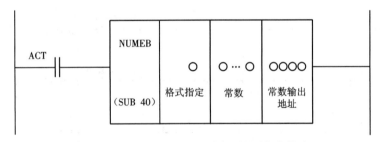

图 5-37　NUMEB(二进制常数赋值)指令格式

具体指令说明如下。

(1)控制条件。

ACT=0：不操作。

ACT=1：执行指令。

(2)参数设定。

格式指定：1 表示 1 个字节；2 表示 2 个字节；4 表示 4 个字节。

2)JMP(跳转)指令

指令功能：跳过 JMPE 指令前的区间。

指令格式如图 5-38 所示。

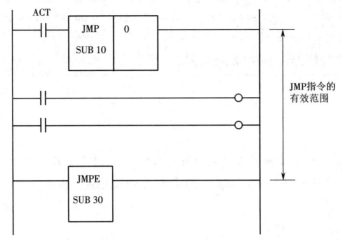

图 5-38　JMP(跳转)指令格式

具体指令说明如下。

(1)控制。

ACT=1:跳转,执行 JMPE 指令下面的指令。

ACT=0:不跳转,继续执行下面的指令。

(2)当 JMP 指令中跳过的线圈数为 0 时,系统将不执行 JMP 与 JMPE 之间的所有逻辑指令,也就是说,系统以 JMPE 为依据,分辨跳转指令的执行范围。

编程时应注意,使用 JMP 和 JMPE 所导致的跳转,不应跳至或跳转自 COM 和 COME 之间的程序,否则程序可能不能正常执行。

3)DISPB(信息显示)指令

指令功能:将程序报警显示到控制系统 CRT 或 LCD 屏幕上。

指令格式如图 5-39 所示。

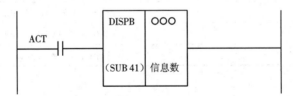

图 5-39　DISPB(信息显示)指令格式

具体指令说明如下。

(1)控制条件:ACT=1 表示执行信息显示。

(2)信息数表示屏幕下面显示的信息或报警条数。

四方刀架换刀程序编制的经验分享:

(1)掌握四方刀架换刀的工作原理,刀架正转时转换刀具位置,刀架反转时锁紧;

(2)编写 T1~T4 刀位检测信号为 B 类触点;

（3）使用刀位检测的上升沿信号切断刀架正转，延时 50 ms 后接通反转控制信号；

（4）刀架反转 1 s 锁紧时间是刀架制造商给的推荐数值；

（5）编写报警时按 A0.0~A0.7 顺序编写。

知识、技能归纳

通过训练熟悉了数控车床四方刀架的换刀工作原理，亲身实践了四方刀架的换刀 PMC 程序的编制，并且实践了四方刀架的换刀 PMC 程序调试与验证方法。

思考练习

1. 简述 PLC 在数控机床中的作用。

2. 简述 FANUC 数控系统的 PMC 程序中 I/O 地址的定义。

3. 简述斗笠式刀库换刀控制过程。

4. 绘制斗笠式刀库换刀流程图。

5. 简述斗笠式刀库换刀 PMC 程序中地址的作用：F10、F26、G70.4、G70.5、C10、D140。

6. 已知手轮相关 PMC 的 I/O 地址，见表 5-20。

表 5-20　手轮相关 PMC 的 I/O 地址

地址	名称
X2.0	手轮倍率 ×10(HAND WHEEL)
X2.1	手轮倍率 ×100(HAND WHEEL)
X2.2	手轮轴选 X(HAND WHEEL)
X2.3	手轮轴选 Y(HAND WHEEL)
X2.4	手轮轴选 Z(HAND WHEEL)
Y7.7	手轮指示灯(手持盒 LED)

试编写 PMC 程序并输到机床中实现手轮功能，即轴选 X、Y、Z 轴，倍率 ×1、×10、×100，使用手轮时指示灯点亮。

7. 简述下列 PMC 功能指令的作用：DCNV、COIN、ROT、CTR、TMRB。

8. 数控车床四方刀架换刀 PMC 程序中若直接使用刀位检测信号（不用上升沿信号）切断刀架正转控制信号，描述其现象。

项目 6　机床功能检查与故障排除

教学导航

知识重点	掌握数控机床功能检查的内容及方法
知识难点	数控机床故障诊断与维修的思路及方法
技能重点	能对数控机床进行功能检查
技能难点	数控机床电气故障诊断与排除;数控机床参数故障诊断与排除;数控机床 PMC 故障诊断与排除
推荐教学方式	从工作任务入手,通过对数控铣床维修实训设备的功能检查,使学生掌握数控机床功能检查的内容及方法;在功能检查过程中,若遇到故障,能进行排除,通过在数控铣床维修实训设备上训练,使学生掌握数控机床故障诊断与维修的基本思路及方法
推荐学习方法	通过相关的电气、参数、PMC 理论学习,基本掌握数控机床故障诊断与维修的思路及方法;通过训练进行故障诊断与排除,真正掌握所学知识与技能
建议学时	16 学时

6.1　项目导入

2014 年全国"数控机床装调、维修与升级改造"赛项中,任务二"机床功能检查与故障排除"共计 20 分。

数控机床功能检查是指机床试车调整后,检查和调试机床各项功能的过程。数控机床的功能由数控系统和机床本身的配置决定。数控机床功能检查的内容主要包括机床系统参数的调整、主轴功能和进给轴功能检查、换刀装置检查、限位和机械零点检查及其他辅助功能检查等。

数控机床能否正常工作取决于各部分之间的配合与协调,任何一部分出现故障,哪怕是很小的一个元件(检测开关、电子元件)出现故障,都会使机床无法正常工作。数控机床故障现象是千差万别的,没有必要为此花费太多的时间和精力,只要抓住它们的共性,熟悉和掌握数控机床各部分的诊断步骤和方法,了解数控机床各部分的常见故障及诊断方法,在实践中不断学习和积累维修经验,就能够提高维修水平。

6.2　训练目标

1. 知识目标
（1）掌握数控机床功能检查的内容、方法。
（2）掌握数控铣床维修实训设备电气原理图。
（3）掌握数控铣床维修实训设备常用参数作用。
（4）掌握数控铣床维修实训设备 PMC 调试。

2. 能力目标
（1）能对数控机床进行功能检查。
（2）具备排除数控机床电气故障的能力。
（3）具备排除数控机床参数故障的能力。
（4）具备排除数控机床 PMC 故障的能力。
（5）具备数控机床故障诊断与维修的基本思路和方法。

3. 素质目标
（1）能够应用理论知识指导实践操作。
（2）具有自主分析问题和解决问题的能力。
（3）培养学生刻苦钻研、吃苦耐劳和团队合作精神。

6.3　知识学习

6.3.1　数控机床功能检查的内容

1. 机床系统参数的调整
可根据机床的性能和特点调整机床系统参数。
（1）各进给轴快速移动速度和进给速度参数调整。
（2）各进给轴加、减速常数的调整。
（3）主轴控制的参数调整。
（4）换刀装置的参数调整。
（5）其他辅助装置的参数调整，如液压系统、气压系统等。
此部分内容在"项目3　系统参数初始化"中已做详细介绍，此处不再赘述。

2. 主轴功能检查
（1）手动操作：选择低、中、高三挡转速，主轴连续进行 5 次正转/反转的启动、停止，检验其动作的灵活性和可靠性，同时检查负载表上的功率显示是否符合要求。
（2）手动数据输入（MDI）方式：使主轴由低速开始，逐步提高到允许的最高转速。检查转速是否正常，一般允许误差不能超过机床上所示转速的 ±10%，在检查主轴转速的同时，观察主轴噪声、振动、温升是否正常,机床的总噪声不能超过 80 dB。

（3）主轴准停:连续操作 5 次以上,检查其动作的灵活性和可靠性。

3. 各进给轴检查

（1）手动操作:对各进给轴低、中、高挡进给和快速移动,检查移动比例是否正确,在移动时是否平稳、顺畅,有无杂音的存在。

（2）手动数据输入（MDI）方式:通过 G00 和 G01 指令功能,检测快速移动和各进给轴的进给速度。

4. 换刀装置检查

检查换刀装置在手动和自动换刀过程中是否灵活、牢固。

5. 限位、机械零点检查

（1）检查机床的软、硬限位的可靠性:软限位一般由系统参数来确定;硬限位是通过行程开关来确定,一般将行程开关布置在各进给轴极限位置,因此行程开关的可靠性就决定了硬限位的可靠性。

（2）检查机械零点:用回原点方式,检查各进给轴回原点的准确性和可靠性。

6. 其他辅助装置检查

检查液压系统、气压系统、冷却系统、照明电路等工作是否正常。

6.3.2　数控机床功能检查

1. 认知数控铣床维修实训设备的操作面板

数控铣床维修实训设备所配备的 FANUC 0i Mate-MD 数控系统操作面板如图 6-1 所示,分为 CRT 显示区、MDI 面板区、控制面板区。CRT 显示区、MDI 面板区的构成如图 6-2 和图 6-3 所示。

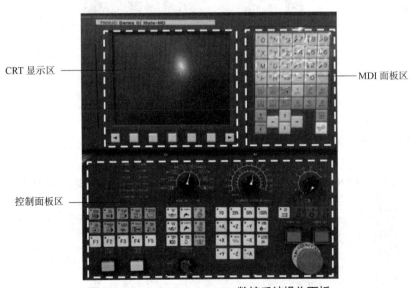

图 6-1　FANUC 0i Mate-MD 数控系统操作面板

软键 ——

返回键 ——

—— 扩展键

图 6-2　FANUC 0i Mate-MD 数控系统 CRT 显示区

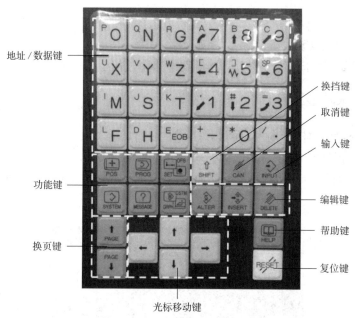

地址 / 数据键 ——

—— 换挡键

—— 取消键

—— 输入键

功能键 ——

—— 编辑键

—— 帮助键

换页键 ——

—— 复位键

光标移动键

图 6-3　FANUC 0i Mate-MD 数控系统 MDI 面板区

FANUC 0i Mate-MD 数控系统 MDI 面板区功能键与功能说明见表 6-1。

表 6-1　FANUC Series 0i Mate-MD 数控系统 MDI 面板区功能键与功能说明

序号	按键符号	名称	功能说明
1	POS	位置显示键	显示机床的坐标位置
2	PROG	程序编辑键	在"EDIT"模式下，显示存储器内的程序； 在"MDI"模式下，输入和显示 MDI 数据； 在"AUTO"模式下，显示当前待加工或者正在加工的程序

续表

序号	按键符号	名称	功能说明
3		补偿设定键	设定并显示刀具补偿值、工件坐标系及宏程序变量
4		系统画面键	系统参数设定与显示、自诊断功能数据显示等
5		信息显示键	显示 NC 报警信息
6		图形显示键	显示机床的运动轨迹等图形

FANUC 0i Mate-MD 数控系统 MDI 面板区其他按键与功能说明见表 6-2。

表 6-2　FANUC 0i Mate-MD 数控系统 MDI 面板区其他按键与功能说明

序号	按键符号	名称	功能说明
1		复位键	用于所有操作停止或解除报警,CNC 复位
2		帮助键	提供与系统相关的帮助信息
3		删除键	在"EDIT"模式下,删除已经输入的字及 CNC 中存在的程序
4		输入键	加工参数等数值的输入
5		取消键	清除输入缓冲器中的文字或者符号
6		插入键	在"EDIT"模式下,在光标后插入文字
7		替换键	在"EDIT"模式下,替换光标所在位置的文字
8		换挡键	用于输入处于上挡位置的字符
9		换页键	向上 / 向下翻页
10		地址 / 数据键	用于地址 / 数据的输入

序号	按键符号	名称	功能说明
11		光标移动键	用于改变光标在程序中的位置

FANUC 0i Mate-MD 数控系统操作面板区各按键(旋钮)的名称及功能说明见表 6-3。

表 6-3 FANUC 0i Mate-MD 数控系统操作面板区各按键(旋钮)的名称及功能说明

序号	按键符号	名称	功能说明
1		系统电源开关	按下左边绿色键,机床系统电源开; 按下右边红色键,机床系统电源关
2		急停按键	紧急情况下,按下此按键,机床停止一切运动
3		循环启动按键	在"MDI"模式下,按下此键,机床自动执行当前程序
4		进给保持按键	在"MDI"模式下,按下此键,机床暂停程序自动运行;按"循环启动"按键,恢复运行
5		机床工作模式选择旋钮	"AUTO"(自动方式):进入自动加工模式; "EDIT"(编辑方式):进行程序的编辑、修改、查找等; "MDI"(手动数据输入方式):单程序段执行模式; "DNC"(在线加工方式):边传程序边加工模式; "HANDLE"(手轮进给方式):用手摇脉冲发生器控制机床连续移动; "JOG"(手动进给方式):按机床操作面板上的进给轴和方向选择开关,机床沿选定轴的选定方向移动; "INC"(增量进给方式):按机床操作面板上的进给轴和方向选择开关,机床沿选定轴的选定方向移动一步; "REF"(回参考点方式):机床执行回参考点操作

序号	按键符号	名称	功能说明
6	+X −X +Y −Y +Z −Z +A −A	轴移动按键	移动轴及移动方向
7	RAPID	快速移动按键	在"JOG"模式下,选择移动轴和移动方向,再按下此键后,可以快速移动机床
8	F0 25% 50% 100%	快速移动倍率按键	快速进给倍率(G00),F0 通过参数 1421 设定
9	HOME START	返参使能按键	在"REF"模式下,选择要进行返参操作的轴后,按此键后,机床自动返参
10	O.TRAVEL RELEASE	超程释放按键	机床移动超过允许行程范围产生报警后,按此键,消除报警
11	FEEDRATE OVERRIDE	进给倍率旋钮	以给定的 F 指令进给时,可在 0~150% 的范围内修改进给倍率;在"JOG"模式下,亦可改变其移动倍率
12		主轴正转按键	按下此按键,主轴顺时针旋转
13		主轴反转按键	按下此按键,主轴逆时针旋转
14		主轴停止按键	按下此按键,主轴停止转动
15	SPD. ORI.	主轴定位按键	按下此按键,主轴被锁定
16		主轴倍率旋钮	调节主轴旋转速度倍率为 50%~120%

序号	按键符号	名称	功能说明
17	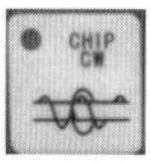 CHIP CW	排屑正转按键	按下此按键,排屑电机顺时针旋转
18	 CHIP CCW	排屑反转按键	按下此按键,排屑电机逆时针旋转
19	 CLANT A	冷却液 A 开关按键	按下此按键,可以控制机床外冷却液的打开或者关闭
20	 CLANT B	冷却液 B 开关按键	按下此按键,可以控制机床内冷却液的打开或者关闭
21	 ATC CW	刀库正转按键	按下此按键,刀库顺时针旋转
22	 ATC CCW	刀库反转按键	按下此按键,刀库逆时针旋转
23	 WORK LIGHT	照明灯开关按键	按下此按键,可以控制机床照明灯的打开或者关闭
24	 POWER OFF M30	结束程序按键	按下此按键,程序结束并返回程序起点
25	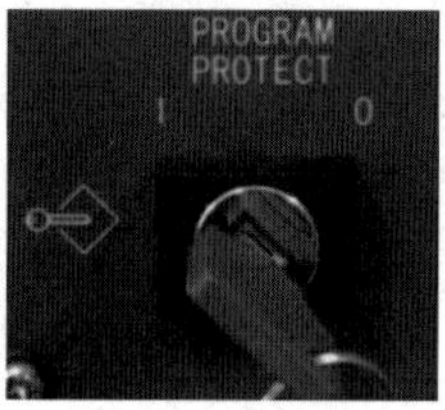 PROGRAM PROTECT	程序保护开关	在"EDIT"模式下,控制程序的写保护; 在"MDI"模式下,保护 PMC 参数里的定时器、计数器、保持型继电器数据

2. 数控铣床维修实训设备的检查项目

1)主轴系统功能检查

I.JOG 手动操作方式

将"工作模式选择"旋钮旋转至"JOG"手动进给方式挡,单击操作面板上的"主轴正转"或"主轴反转"按键,使主轴正转或反转,检查主轴的旋转方向和旋转速度,主轴倍率为 50% 和 100% 时的主轴实际转速如图 6-4 所示;在主轴旋转时,调节"主轴倍率"旋钮,观察主轴转速的变化是否符合倍率关系;单击操作面板上的"主轴停止"按键,使主轴停止转动。

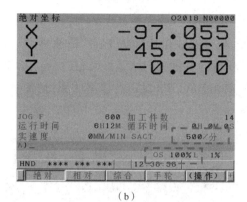

(a)　　　　　　　　　　　　　　(b)

图 6-4　主轴倍率为 50% 和 100% 时的主轴实际转速

(a)主轴倍率为 50% 时　(b)主轴倍率为 100% 时

Ⅱ.MDI 手动数据输入方式

将"工作模式选择"旋钮旋转至"MDI"手动数据输入方式挡,单击 MDI 面板上的【PROG】按键,输入"M03　S500;"或"M04　S500;",按【INSERT】按键,单击【CYCLE START】循环启动按键,使主轴正转或反转,检查主轴的旋转方向和旋转速度;输入"M05;"按【INSERT】按键,单击【CYCLE START】循环启动按键,使主轴停止转动。

Ⅲ. 主轴定位

将"工作模式选择"旋钮旋转至"JOG"手动进给方式挡,单击操作面板上的【主轴定位】按键,使主轴停止于固定位置,观察其动作的灵活性和准确性。

2)进给轴功能检查

Ⅰ.JOG 手动进给方式

将"工作模式选择"旋钮旋转至"JOG"手动进给方式挡,单击操作面板上的"+X"按键,使机床向 X 轴正向移动;单击操作面板上的"-X"按键,使机床向 X 轴负向移动;同理,分别单击"+Y""-Y""+Z""-Z"按键,使机床在 Y 轴和 Z 轴方向移动;在移动过程中,调节"进给倍率"旋钮,观察各进给轴速度的变化是否符合设定的倍率关系,手动进给倍率为 20% 和 126% 时的实际移动速度如图 6-5 所示。

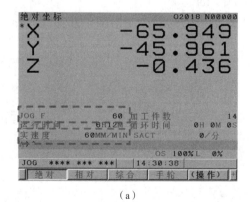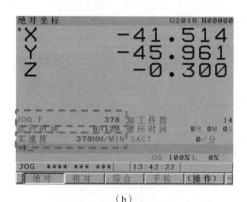

(a)　　　　　　　　　　　　　　(b)

图 6-5　手动进给倍率为 20% 和 126% 时的实际移动速度

(a)手动进给倍率为 20% 时　(b)手动进给倍率为 126% 时

同时按住操作面板上的"快速移动"按键和"+X"按键,使机床向 X 轴正向快速移动;同理,同时按住操作面板上的"快速移动"按键和"-X"(或"+Y"、"-Y"、"+Z"、"-Z")按键,使机床向其他方向快速移动;在快速移动过程中,改变"快速移动倍率",观察各进给轴速度的变化是否符合设定的倍率关系,快速移动倍率为 25% 和 50% 时的实际快速移动速度如图 6-6 所示。

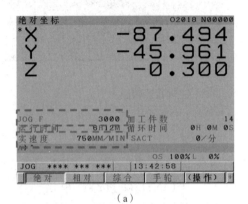
(a)

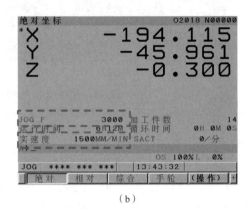
(b)

图 6-6　快速移动倍率为 25% 和 50% 时的实际快速移动速度

(a)快速移动倍率为 25% 时　(b)快速移动倍率为 50% 时

II.MDI 手动数据输入方式

将"工作模式选择"旋钮旋转至"MDI"手动数据输入方式挡,单击 MDI 面板上的【PROG】按键,输入"G00 X100 Y150 Z50;",按【INSERT】按键,单击【CYCLE START】循环启动按键,将各轴快速移动到指定位置。

III.HANDLE 手轮进给方式

将"工作模式选择"旋钮旋转至"HANDLE"手轮进给方式挡,通过"轴选旋钮"(图 6-7)选择机床进给轴,通过"倍率旋钮"选择机床进给移动倍率,其中:

"×1"代表进给手轮每旋转一格,机床移动 0.001 mm;

"×10"代表进给手轮每旋转一格,机床移动 0.01 mm;

"×100"代表进给手轮每旋转一格,机床移动 0.1 mm。

随后,按住"手轮选通"按钮,旋转进给手轮,顺时针旋转时机床沿轴正向移动,逆时针旋转时机床沿轴负向移动。

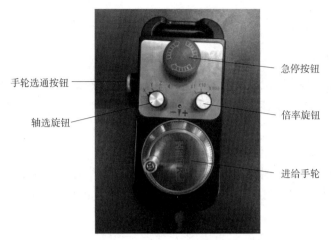

手轮选通按钮————

轴选旋钮————

————急停按钮

————倍率旋钮

————进给手轮

图 6-7　手动脉冲发生器按键功能说明

3）换刀功能检查

I.JOG 手动进给方式

将"工作模式选择"旋钮旋转至"JOG"手动进给方式挡,单击操作面板上的"刀库正转"或"刀库反转"按键,使刀库正转或反转。

II.MDI 手动数据输入方式

将"工作模式选择"旋钮旋转至"MDI"手动数据输入方式挡,单击 MDI 面板上的【PROG】按键,输入"M06 T01;"（当前刀具不是第一刀位的情况下）,按【INSERT】按键,单击【CYCLE START】循环启动按键,使刀库旋转至"01"号刀位,并完成换刀动作;同理,依次输入 T02~T12,观察换刀功能实现情况。

4）回参考点功能检查

将"工作模式选择"旋钮旋转至"REF"回参考点方式挡,依次单击操作面板上的"+X""+Y""+Z"按键,再单击操作面板上的【HOME START】返参使能按键,使机床沿 X、Y、Z 轴分别向正方向运行寻找参考点,当到达参考点位置时,操作面板上的"X HOME""Y HOME""Z HOME"指示灯点亮。

5）软限位及超程释放功能检查

移动机床位置,当某轴沿某方向超出机床系统参数设定的行程软限位时,系统会发出如下限位报警,并禁止机床沿该轴该方向继续移动:

OT0500（X）正向超程（软限位 1）;

OT0500（Y）正向超程（软限位 1）;

OT0500（Z）正向超程（软限位 1）;

OT0501（X）负向超程（软限位 1）;

OT0501（Y）负向超程（软限位 1）;

OT0501（Z）负向超程（软限位 1）。

想要退出限位,取消限位报警,需在"JOG"手动进给或"HANDLE"手轮进给方式下,向相反的方向移动该轴,直至退出限位,随后按下操作面板上的【RESET】复位键,限位报警消除。

6)冷却功能检查

将"工作模式选择"旋钮旋转至"JOG"手动进给方式挡,单击操作面板上的【CLANT A】冷却液 A 开关键,冷却电动机开始运行,再按下【CLANT A】冷却液 A 开关键,冷却电动机停止运行。

7)照明功能检查

将"工作模式选择"旋钮旋转至"JOG"手动进给方式挡,单击操作面板上的【WORK LIGHT】照明灯开关按键,照明灯点亮,再按下【WORK LIGHT】照明灯开关按键,照明灯熄灭。

8)排屑功能检查

将"工作模式选择"旋钮旋转至"JOG"手动进给方式挡,单击操作面板上的【CHIP CW】排屑正转按键,排屑电动机正转,再按下【CHIP CW】排屑正转按键,排屑电动机停止运行;单击操作面板上的【CHIP CCW】排屑反转按键,排屑电动机反转,再按下【CHIP CCW】排屑反转按键,排屑电动机停止运行。

6.3.3 数控机床故障的分类

数控机床的故障是多种多样的,可以从不同角度对其进行分类。

1. 从故障的起因分类

从故障的起因来看,数控系统故障可分为关联性和非关联性故障。非关联性故障是指与数控系统本身结构和制造无关的故障。非关联性故障的发生是由诸如运输、安装、撞击等外部因素人为造成的。关联性故障是指由于数控系统设计、结构或性能等缺陷造成的故障。关联性故障又可分为固有性故障和随机性故障。固有性故障是指一旦满足某种条件,如温度、振动等条件,就出现故障。随机性故障是指在完全相同的外界条件下,故障有时发生或不发生的情况。一般随机性故障由于存在较大的偶然性,因此给故障的诊断和排除带来了较大的困难。

2. 从故障的时间分类

从故障出现的时间来看,数控系统故障可分为随机故障和有规则故障。随机故障发生时间是随机的;有规则故障是指故障的发生有一定的规律性。

3. 从故障发生的状态分类

从故障发生的状态来看,数控系统故障可分为突然故障和渐变故障。突然故障是指数控系统在正常使用过程中,事先并无任何故障征兆出现,而突然出现的故障。突然故障的例子有:因机器使用不当或出现负荷而引起的零件折断;因设备各项参数达到极限而引起的零件变形和断裂等。渐变故障是指数控系统在发生故障前的某一时期内,已经出现故障的征兆,但此时(或在消除系统报警后)数控机床还能够正常使用,并不影响加工出的产品质量。渐变故障和材料的磨损、腐蚀、疲劳及蠕变等过程有密切的关系。

4. 按故障的影响程度分类

从故障的影响程度来看,数控系统故障可分为完全失效故障和部分失效故障。完全失效故障是指数控机床出现故障后,不能进行工件正常加工,只有等到故障排除后,数控机床才能恢复正常工作。部分失效故障是指数控机床丧失了某种或部分系统功能,而数控机床在不使用该部分功能的情况下,仍然能够正常加工工件。

5. 按故障的严重程度分类

从故障的严重程度来看,数控系统故障可分为危险性故障和安全性故障。危险性故障是指数控系统发生故障时,机床安全保护系统在需要动作时因故障失去保护作用,造成人身伤亡或机械故障。安全性故障是指机床安全保护系统在不需要动作时发生动作,引起机床不能启动。

6. 按故障的性质分类

从故障的性质来看,数控系统故障可分为软件故障、硬件故障和干扰故障三种。软件故障是指由程序编制错误、机床操作失误、参数设置不正确等引起的故障。软件故障可通过认真消化、理解随机资料,掌握正确的操作方法和编程方法,得以避免和消除。硬件故障是指由 CNC 电子元器件、润滑系统、换刀系统、限位机构、机床本体等硬件因素造成的故障。干扰故障则表现为内部干扰和外部干扰,是指由于系统工艺、线路设计、电源地线等配置不当,以及工作环境的恶劣变化而造成的故障。

6.3.4 数控机床故障诊断与维修

数控机床故障诊断与维修的过程基本上分为故障的调查与分析、故障的排除、维修排故后的总结与提高三个阶段。

1. 故障的调查与分析

故障的调查与分析是排除故障的第一阶段,也是非常关键的阶段。数控机床出现故障后,不要急于动手处理,首先要摸清楚故障发生的过程,分析产生故障的原因。因此,要做好以下几项工作。

(1)询问调查。在接到机床现场出现故障要求排除的信息时,首先应要求操作者尽量保持现场故障状态,不做任何处理,以有利于迅速精确地分析故障原因。同时,仔细询问故障指示情况、故障表象及故障产生的背景情况,依此做出初步判断,以便确定现场排除故障所应携带的工具、仪表、图样资料、备件等,减少往返时间。

(2)现场检查。到达现场后,首先要验证操作者提供的各种情况的准确性、完整性,从而核实初步判断的准确度。由于操作者的水平,对故障状况描述不清甚至完全不准确的情况不乏其例,因此到现场后仍然不要急于动手处理,应重新仔细检查各种情况,以免破坏现场,使排除故障难度增加。

(3)故障分析。根据已知的故障状况按故障分类方法分析故障类型,从而确定排除故障的原则。由于大多数故障是有指示的,所以一般情况下,对照机床配套的数控系统诊断手册和使用说明书,可以列出产生该故障多种可能的原因。

（4）确定原因。对多种可能的原因进行排查，从中找出本次故障的真正原因，对于维修人员来说，这是一种对该机床熟悉程度、知识水平、实践经验和分析判断能力的综合考验。当前的 CNC 系统智能化程度都比较低，系统尚不能自动诊断出发生故障的确切原因，往往是同一报警信号可以有多种起因，不可能将故障缩小到具体的某一部件。因此，在分析故障的起因时，一定要思路开阔。有可能自诊断出系统的某一部分有故障，但究其起源，却不在数控系统，而是在机械部分。所以，无论是 CNC 系统、机床强电，还是机械、液压、气路等，只要是有可能引起该故障的原因，都要尽可能全面地列出来，进行综合判断和筛选，然后通过必要的试验，达到确定和最终排除故障的目的。

（5）排故准备。有的故障排除方法可能很简单，有些故障排除方法则比较复杂，需要做一系列的准备工作，如工具仪表的准备、局部的拆卸、零部件的修理、元器件的采购，甚至排除故障计划步骤的制订等。

数控机床电气系统故障的调查、分析与诊断的过程也就是故障的排除过程，一旦查明了原因，故障也就几乎等于排除了。因此，故障分析诊断的方法也就变得十分重要。

一般情况下，在故障检测过程中，应充分利用数控系统的自诊断功能，如系统的开机诊断、运行诊断、PLC 的监控功能。同时，在检测故障过程中还应遵守以下原则。

（1）先外部后内部。数控机床是集机械、液压、电气为一体的机床，故其故障的发生必然要从这三个方面反映出来，数控机床的检修要求维修人员掌握先外部后内部的原则，即当数控机床发生故障后，维修人员应先用望、听、闻等方法，由外向内逐一进行检测，如数控机床外部的行程开关、按钮开关、液压气动元件以及印制电路板的连接部位，因其接触不良造成信号传递的失灵是产生数控机床故障的重要因素。此外，由于工业环境中，温度、湿度变化比较大，油污或者粉尘对印制电路板的污染、机械的振动和对信号传递通道的接触插件等都将产生严重的影响，检测中要重视这些因素，首先检测这些部位。另外，应尽量减少随意的启封、拆卸及不适当的大拆大卸。

（2）先机械后电气。由于数控机床是一种自动化程度高、技术复杂的先进机械加工设备，一般来说，机械故障较易察觉，而数控故障诊断则难度较大些。先机械后电气就是在数控机床的维修中，首先检查机械部分是否正常、行程开关是否灵活、气动液压部分是否正常等。数控机床的故障中有很大一部分是机械动作失灵引起的，所以在故障检修之前，首先应注意排除机械性故障，往往可达到事半功倍的效果。

（3）先静后动。维修人员本身要做到先静后动，不可盲目动手，应先询问机床操作人员故障发生的过程及状态，阅读机床说明书、图纸资料，进行分析后，才可动手查找和处理故障。然后对有故障的机床也要本着先静后动的原则，先在机床断电静止的状态下，通过了解、观察测试、分析确认为非恶性循环性故障或非破坏性故障后，方可给机床通电，在运行工况下，进行动态的观察、检验和测试，查找故障。而对恶性破坏性故障，必须先排除危险后，方可通电，在运行工况下进行动态诊断。

（4）先公用后专用。公用问题往往会影响全局，而专用问题只影响局部。如机床的几个进给轴都不能运动，这时应首先检查和排除各轴公用的 CNC、PLC、电源、液压等公用部分的故障,然后再设法排除某个轴的局部问题。又如电网或主电源是全局性的,因此一般首先检查电源部分,检查熔丝是否正常,直流电压是否正常。总之,只有先解决影响面大的主要矛盾,局部的、次要的矛盾才可迎刃而解。

(5)先简单后复杂。当出现多种故障互相交织掩盖,一时无从下手时,应首先解决容易的问题,后解决难度较大的问题。往往简单问题解决后,难度较大的问题才可能变得容易;或者在排除简易故障时受到启发,使对复杂故障的认识更为清晰,从而也有了解决的办法。

(6)先一般后特殊。在排除某个故障时,要首先考虑最常见、最可能的原因,然后再分析很少发生的特殊原因。如一台 FANUC 0i-TD 数控车床 Z 轴回零不准,常常是由于减速挡块位置松动造成的,一旦出现这种故障,应先检查该挡块位置,在排除这一常见的可能性后,再检查脉冲编码器、位置控制环节。

2. 故障的排除

故障排除是排故的第二阶段,也是实施阶段。如上所述,完成了故障分析,也就基本上完成了故障的排除,剩下的工作就是按照相关操作规程具体实施。

3. 维修排故后的总结与提高

对数控机床电气故障进行维修和分析排除后的总结与提高工作是排故的第三阶段,也是十分重要的阶段,应引起足够重视。

总结和提高工作的主要内容如下。

(1)详细记录从故障的发生、分析判断到排除全过程中出现的各种问题,采取的各种措施,涉及的相关电路图、相关参数和相关软件,其间错误分析和排故方法也应记录,并记录其无效的原因。除填入维修档案外,内容较多者还要另文详细书写。

(2)有条件的维修人员应该从较典型的故障排除实践中找出带有普遍意义的内容作为研究课题,进行理论性探讨,写出论文,从而达到提高的目的。特别是在有些故障的排除中并未认真系统地分析判断,要是带有一定偶然性地排除了故障,这种情况下的事后总结研究就更加有必要了。

(3)总结故障排除过程中所需要的各类图样、文字资料,若有不足应事后想办法补齐,而且在随后的日子里研读,以备将来之需。

(4)从排除故障过程中发现自己欠缺的知识,制订学习计划,力争尽快补课。

(5)找出工具、仪表、备件的不足,条件允许时补齐。

总结和提高工作的好处如下:

(1)迅速提高维修人员的理论水平和维修能力;

(2)提高对重复性故障的维修速度;

(3)有利于分析设备的故障率及可维修性,改进操作规程,提高机床寿命和利用率;

(4)可改进原机床电气设计的不足;

(5)资源共享,总结资料可作为其他维修人员的参数资料、学习培训教材。

6.3.5 对数控机床维修人员的要求

1. 专业知识面要广

（1）掌握数控原理、电工电子技术、自动控制与电力拖动、检测技术、液压与气动、机械传动及机械加工方面的知识。

（2）掌握数字控制、伺服驱动及 PLC 的工作原理。

（3）掌握检测系统的工作原理。

（4）能编写简单的数控加工程序。

（5）能运用各种方法编写 PLC 的程序。

2. 有较强的动手能力与试验能力

（1）能对数控系统进行操作。

（2）能查看报警信息。

（3）能检查、修改参数。

（4）能调用自诊断功能，进行 PLC 接口检查。

（5）会使用维修的工具、仪器、仪表。

（6）会操作数控机床。

3. 专业外语的阅读能力

（1）能读懂数控系统的操作面板、CRT 显示的外文信息。

（2）能读懂外文的随机手册。

（3）能读懂外文的技术资料。

（4）能熟练运用外文的报警提示。

4. 绘图能力

（1）能绘制一般的机械图、电气图。

（2）通过实物测量，能绘制光栅尺测量头的原理图。

（3）通过实物测量，能绘制电气原理图。

5. 良好的品质

（1）勤于学习：刻苦钻研，边干边学；自觉学习新出现的数控机床操作、编程，了解其结构；自觉了解其他工厂中的设备；虚心学习别人的经验。

（2）善于分析：能由表及里，去伪存真，找到发生故障的原因；能从众多故障现象中找出主要的起决定性的故障现象，并对此进行分析。

（3）胆大心细：对于没见过的故障敢修；先熟悉情况，后动手，不盲目蛮干。

6.4 任务实施

6.4.1 数控铣床维修实训设备功能检查

数控铣床维修实训设备的数控系统所具有的数控功能比较全面,检查项目较多。在已掌握该实训设备操作的前提下,在实训报告中对其功能进行逐项检查。

1. 训练要求

(1)熟悉数控机床功能检查的内容和方法。

(2)能够对数控机床进行功能检查。

(3)能够制订工作计划,并按照要求填写相关表格。

2. 实训报告

完成数控铣床维修实训设备功能检查,填写实训报告,见表 6-4。

表 6-4 数控铣床维修实训设备功能检查表

类别	检查项目	技术指标 / 检验标准	是否正常
主轴(JOG)	主轴正转	在"JOG"方式下,按下主轴正转按键,主轴正转	
	主轴停止	在"JOG"方式下,按下主轴停止按键,主轴停止旋转	
	主轴反转	在"JOG"方式下,按下主轴反转按键,主轴反转	
	主轴定位	在"JOG"方式下,按下主轴定位按键,主轴锁定在固定位置	
	主轴修调	在主轴旋转过程中,增减主轴倍率,主轴实际转速按比例变化	
主轴(MDI)	M03 (S 设为 500)	在"MDI"方式下,输入 M03 S500 后,主轴正转	
	M04 (S 设为 500)	在"MDI"方式下,输入 M04 S500 后,主轴反转	
	M05	在"MDI"方式下,输入 M05 后,主轴停止旋转	
	S 指令	在"MDI"方式下,分别在主轴正转和反转方式下输入 S200/S500/S1000,观察实际转速与指令转速是否相符,误差应在 ±5%	
	主轴修调	给定主轴一速度,然后增减主轴倍率,主轴实际转速按比例变化	
进给(JOG)	+X 方向	在"JOG"方式下,按下机床 X 轴正向移动按键,机床向 X 轴正方向移动	
	−X 方向	在"JOG"方式下,按下机床 X 轴负向移动按键,机床向 X 轴负方向移动	
	+Y 方向	在"JOG"方式下,按下机床 Y 轴正向移动按键,机床向 Y 轴正方向移动	
	−Y 方向	在"JOG"方式下,按下机床 Y 轴负向移动按键,机床向 Y 轴负方向移动	
	+Z 方向	在"JOG"方式下,按下机床 Z 轴正向移动按键,机床向 Z 轴正方向移动	
	−Z 方向	在"JOG"方式下,按下机床 Z 轴负向移动按键,机床向 Z 轴负方向移动	
	倍率修调	在机床移动过程中,增减机床进给倍率,机床移动速度按比例变化	

续表

类别	检查项目	技术指标/检验标准	是否正常
进给(快速)	+X 方向	在"JOG"方式下,按下机床 X 轴正向移动和快速移动按键,机床向 X 轴正方向快速移动	
	-X 方向	在"JOG"方式下,按下机床 X 轴负向移动和快速移动按键,机床向 X 轴负方向快速移动	
	+Y 方向	在"JOG"方式下,按下机床 Y 轴正向移动和快速移动按键,机床向 Y 轴正方向快速移动	
	-Y 方向	在"JOG"方式下,按下机床 Y 轴负向移动和快速移动按键,机床向 Y 轴负方向快速移动	
	+Z 方向	在"JOG"方式下,按下机床 Z 轴正向移动和快速移动按键,机床向 Z 轴正方向快速移动	
	-Z 方向	在"JOG"方式下,按下机床 Z 轴负向移动和快速移动按键,机床向 Z 轴负方向快速移动	
	倍率修调	给定快速移动速度,然后增减倍率修调,其速度应按相应比例变化	
进给(MDI)	G00	在 G00 方式下,指定一段行程,机床应该按照设定速度移动	
手轮	+X 方向	在手轮进给方式下,选择 X 轴,倍率为 ×10,顺时针摇动进给手轮,机床沿 X 轴正方向移动	
	-X 方向	在手轮进给方式下,选择 X 轴,倍率为 ×10,逆时针摇动进给手轮,机床沿 X 轴负方向移动	
	+Y 方向	在手轮进给方式下,选择 Y 轴,倍率为 ×10,顺时针摇动进给手轮,机床沿 Y 轴正方向移动	
	-Y 方向	在手轮进给方式下,选择 Y 轴,倍率为 ×10,逆时针摇动进给手轮,机床沿 Y 轴负方向移动	
	+Z 方向	在手轮进给方式下,选择 Z 轴,倍率为 ×10,顺时针摇动进给手轮,机床沿 Z 轴正方向移动	
	-Z 方向	在手轮进给方式下,选择 Z 轴,倍率为 ×10,逆时针摇动进给手轮,机床沿 Z 轴负方向移动	
	手轮倍率	分别选择不同的倍率,×1、×10、×100 摇动进给手轮一格,机床相应移动 0.001 mm、0.01 mm、0.1 mm	
换刀(JOG)	刀库正转	在"JOG"方式下,按下刀库正转按键,刀库顺时针旋转	
	刀库反转	在"JOG"方式下,按下刀库反转按键,刀库逆时针旋转	

类别	检查项目	技术指标 / 检验标准	是否正常
换刀（MDI）	1 号刀	在"MDI"方式下，输入 M06 T01 后，按循环启动键，刀库旋转至 1 号刀	
	2 号刀	在"MDI"方式下，输入 M06 T02 后，按循环启动键，刀库旋转至 2 号刀	
	3 号刀	在"MDI"方式下，输入 M06 T03 后，按循环启动键，刀库旋转至 3 号刀	
	4 号刀	在"MDI"方式下，输入 M06 T04 后，按循环启动键，刀库旋转至 4 号刀	
	5 号刀	在"MDI"方式下，输入 M06 T05 后，按循环启动键，刀库旋转至 5 号刀	
	6 号刀	在"MDI"方式下，输入 M06 T06 后，按循环启动键，刀库旋转至 6 号刀	
	7 号刀	在"MDI"方式下，输入 M06 T07 后，按循环启动键，刀库旋转至 7 号刀	
	8 号刀	在"MDI"方式下，输入 M06 T08 后，按循环启动键，刀库旋转至 8 号刀	
	9 号刀	在"MDI"方式下，输入 M06 T09 后，按循环启动键，刀库旋转至 9 号刀	
	10 号刀	在"MDI"方式下，输入 M06 T10 后，按循环启动键，刀库旋转至 10 号刀	
	11 号刀	在"MDI"方式下，输入 M06 T11 后，按循环启动键，刀库旋转至 11 号刀	
	12 号刀	在"MDI"方式下，输入 M06 T12 后，按循环启动键，刀库旋转至 12 号刀	
回参考点	X 轴回参考点	在"REF"方式下，按下 X 轴正向移动按键，再按下返参使能按键，机床 X 轴回零	
	Y 轴回参考点	在"REF"方式下，按下 Y 轴正向移动按键，再按下返参使能按键，机床 Y 轴回零	
	Z 轴回参考点	在"REF"方式下，按下 Z 轴正向移动按键，再按下返参使能按键，机床 Z 轴回零	
软限位	$+X$ 方向	手动移动机床 X 轴正方向，在 X 轴正限位处报警 500；反向移动 X 轴，并按 RESET 键，报警解除	
	$-X$ 方向	手动移动机床 X 轴负方向，在 X 轴负限位处报警 501；反向移动 X 轴，并按 RESET 键，报警解除	
	$+Y$ 方向	手动移动机床 Y 轴正方向，在 Y 轴正限位处报警 500；反向移动 Y 轴，并按 RESET 键，报警解除	
	$-Y$ 方向	手动移动机床 Y 轴负方向，在 Y 轴负限位处报警 501；反向移动 Y 轴，并按 RESET 键，报警解除	
	$+Z$ 方向	手动移动机床 Z 轴正方向，在 Z 轴正限位处报警 500；反向移动 Z 轴，并按 RESET 键，报警解除	
	$-Z$ 方向	手动移动机床 Z 轴负方向，在 Z 轴负限位处报警 501；反向移动 Z 轴，并按 RESET 键，报警解除	
冷却液	手动开停	在"JOG"方式下，按下冷却液（A 或 B）开关键，冷却电动机启动，灯亮；再按下相应的冷却液开关键，冷却电动机停止，灯灭	
照明	手动开停	在"JOG"方式下，按下照明灯开关键，照明灯亮；再按下照明灯开关键，照明灯灭	
排屑	排屑正转	在"JOG"方式下，按下排屑正转按键，排屑电动机正转；再按下排屑正转按键，排屑电动机停止	
	排屑反转	在"JOG"方式下，按下排屑反转按键，排屑电动机反转；再按下排屑反转按键，排屑电动机停止	

教师、同学可按照表6-5对本次实训进行评分。

表6-5　数控机床功能检查评分表

班级＿＿＿＿＿		工作形式 □个人　□小组分工　□小组	实践工作时间＿＿＿＿＿	
训练项目	训练内容	训练要求	学生自评	教师评分
数控机床功能检查	1. 工作计划（20分）	计划制订合理：10分 操作步骤正确：10分		
	2. 检查记录（20分）	功能测试记录详细：20分		
	3. 功能检查（30分）	机床通电正常：3分 主轴功能正常：3分 进给轴功能正常：3分 手轮功能正常：3分 换刀功能正常：3分 回参考点功能正常：3分 软限位功能正常：3分 冷却功能正常：3分 照明功能正常：3分 排屑功能正常：3分		
	4. 检查过程中的问题（20分）	通电过程符合操作要求，没有出现问题：5分 测试过程中操作熟练，遇到问题能够独立解决：10分 能够独立完成机床功能测试，遇到问题能够独立解决：5分		
	5. 职业素养与安全意识（10分）	现场操作符合安全操作规程；团队既有分工又有合作，配合紧密；遵守纪律，尊重教师，爱惜设备和器材，保持工位的整洁		

数控机床功能检查的经验分享：

（1）在进行数控铣床维修实训设备的功能检查前，应掌握机床的轴系分布，并掌握各个数控轴的正负方向；

（2）数控机床运行时，手应时刻放在复位键或急停键的位置，当发现机床有异常时不要犹豫，立即按下复位键或急停键。

知识、技能归纳

通过训练掌握了加工中心功能检查的步骤及方法，并亲身实践了数控铣床维修实训设备的功能检查。

6.4.2　电气故障诊断与排除

1. 训练要求

（1）掌握数控铣床维修实训设备的电气原理图。

（2）能够根据机床电气原理图解读冷却、排屑电路控制。

（3）能够分析冷却、排屑电路控制过程并设置相应故障点。

2. 冷却电气故障设置实训

1）解读冷却电机电气原理图

分析数控铣床维修实训设备电气原理图,绘制出冷却电机的主电路及控制电路电气原理图,如图 6-8 所示。

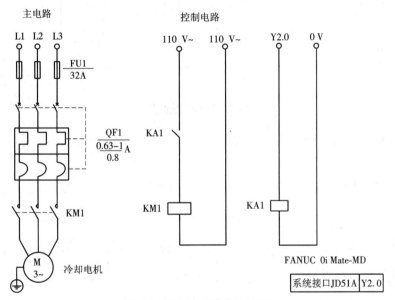

图 6-8　冷却电机电气原理图

2）分析冷却电机控制过程

手动操作方式:按操作面板【CLANT A】按键—PMC 输出 Y2.0 为 DC24 V—继电器 KA1 线圈得电—继电器 KA1 常开触点闭合—接触器 KM1 线圈得电—接触器 KM1 主触点闭合—冷却电机运行。

3）设置冷却电机电气故障

故障设置 1:PMC 输出 Y2.0 断路,如图 6-9 所示。

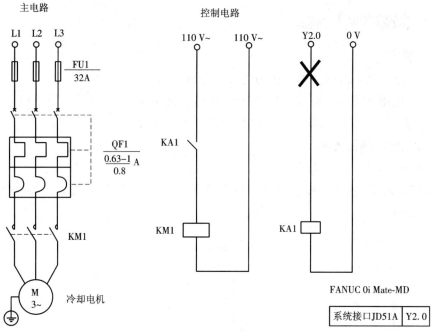

图 6-9　冷却电机故障 1

故障现象 1:在手动操作方式下,按下按键【CLANT A】,继电器 KA1 线圈不得电,同时冷却电机不运行。

故障设置 2:继电器 KA1 线圈断路,如图 6-10 所示。

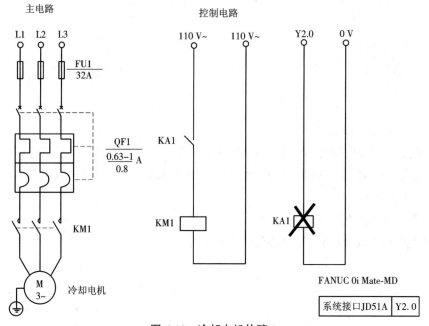

图 6-10　冷却电机故障 2

故障现象 2:在手动操作方式下,按下按键【CLANT A】,继电器 KA1 线圈不得电,同时冷却电机不运行。

故障设置 3:继电器 KA1 常开触点断路,如图 6-11 所示。

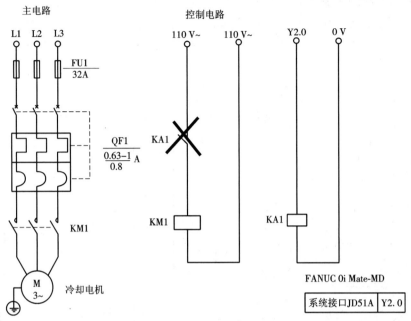

图 6-11 冷却电机故障 3

故障现象 3:在手动操作方式下,按下按键【CLANT A】,继电器 KA1 线圈得电,接触器 KM1 不得电,冷却电机不运行。

故障设置 4:接触器 KM1 线圈断路,如图 6-12 所示。

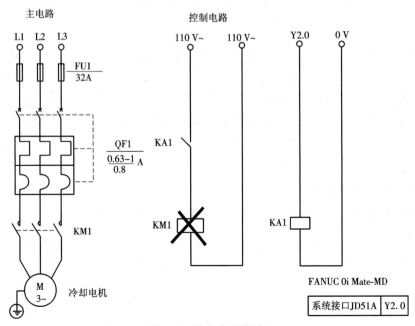

图 6-12 冷却电机故障 4

故障现象 4:在手动操作方式下,按下按键【CLANT A】,继电器 KA1 线圈得电,接触器 KM1 不得电,冷却电机不运行。

3. 排屑电气故障设置实训

1)解读排屑电机电气原理图

分析数控铣床维修实训设备电气原理图,绘制出排屑电机的主电路及控制电路电气原理图,如图 6-13 所示。

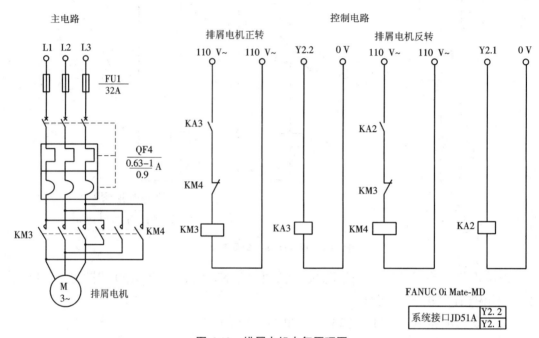

图 6-13 排屑电机电气原理图

2)分析排屑电机控制过程

排屑电机正转:手动操作方式—按操作面板【CHIP CW】按键—PMC 输出 Y2.2 为 DC24 V—继电器 KA3 线圈得电—继电器 KA3 常开触点闭合—接触器 KM3 线圈得电—接触器 KM3 主触点闭合—排屑电机正转。

排屑电机反转:手动操作方式—按操作面板【CHIPC CCW】按键—PMC 输出 Y2.1 为 DC24 V—继电器 KA2 线圈得电—继电器 KA2 常开触点闭合—接触器 KM4 线圈得电—接触器 KM4 主触点闭合—排屑电机反转。

3)设置排屑电机电气故障

故障设置 1:PMC 输出 Y2.1 和 Y2.2 交换错接,如图 6-14 所示。

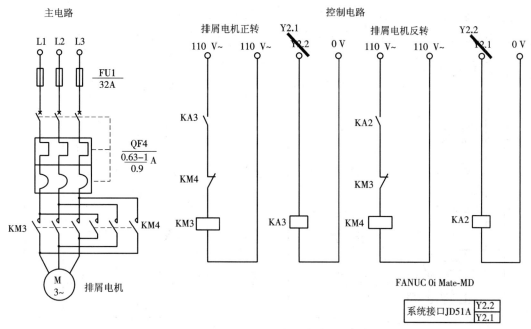

图 6-14　排屑电机故障 1

故障现象 1:在手动操作方式下,按下按键【CHIP CW】,排屑电机反转;按下按键【CHIP CCW】,排屑电机正转。

故障设置 2:继电器 KA3 常开触点接线变成常闭触点接线,如图 6-15 所示。

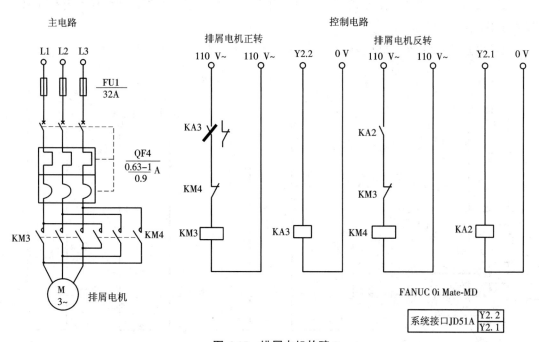

图 6-15　排屑电机故障 2

故障现象 2:机床接通电源后,排屑电机即正转,在手动操作方式下,按下按键【CHIP

CW】,排屑电机停止运行;按下按键【CHIP CCW】,排屑电机反转。

故障设置3:接触器KM3常闭触点接于常开触点处,如图6-16所示。

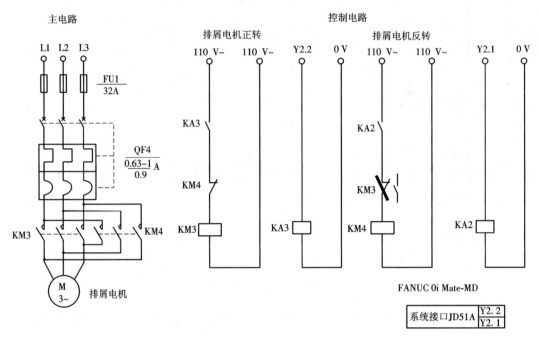

图 6-16　排屑电机故障 3

故障现象3:在手动操作方式下,按下按键【CHIP CW】,排屑电机正转;按下按键【CHIP CCW】,排屑电机不反转。

故障设置4:接触器KM4主触点三相输入任意反接两相,如图6-17所示。

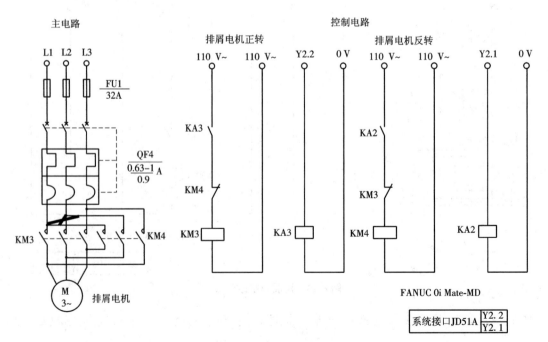

图 6-17　排屑电机故障 4

故障现象 4:在手动操作方式下,按下按键【CHIP CW】,排屑电机正转;按下按键【CHIP CCW】,排屑电机仍正转。

填写电气故障设置过程记录表,见表 6-6。

表 6-6　电气故障设置过程记录表

步骤	电气故障设置过程记录	遇到的问题和解决方法
解读电气原理图,确认故障点		
设置机床电气故障		
机床通电,观察机床相应故障点动作		
整个过程自查		

教师、学生可按照表 6-7 对本次实训进行评分。

表 6-7　电气故障诊断与排除评分表

班级＿＿＿＿＿＿		工作形式 □个人　□小组分工　□小组		实践工作时间＿＿＿＿＿＿	
训练项目	训练内容	训练要求		学生自评	教师评分
电气故障诊断与排除	1. 工作计划和图纸（30分）: (1)工作计划; (2)电路图	计划制订合理;操作步骤正确			
	2. 过程记录(20分)	电气故障设置过程记录详细,通电过程符合操作要求,没有出现问题			
	3. 功能测试(40分)	能够独立完成电气故障设置,满足要求,遇到问题能够独立解决			
	4. 职业素养与安全意识（10分）	现场操作符合安全操作规程;工具摆放、导线线头等的处理符合职业岗位的要求;团队既有分工又有合作,配合紧密;遵守纪律,尊重教师,爱惜设备和器材,保持工位的整洁			

电气故障诊断与排除的经验分享:

（1）测量电路的通断时,可使用数字万用表的蜂鸣挡,但切记在机床断电情况下使用;

（2）"先外后内"的维修原则要求维修人员在遇到故障时应先采取望、听、闻等方法,由外向内逐一进行检查;

（3）分析排除电气硬件连接故障时,应从 PMC 的 I/O 电路到控制电路,再到主电路,逐项检查。

知识、技能归纳

通过训练掌握了电气故障诊断与排除的思路及方法,并亲身实践了数控铣床维修实训设备的电气故障诊断与排除。

6.4.3 参数故障诊断与排除

1. 训练要求

(1)掌握数控铣床维修实训设备参数的含义及作用。

(2)能够熟练查阅相关用户手册,找到相对应的参数。

(3)能够根据故障现象分析出相关的参数并重新设定。

2. 参数故障设置实训

故障现象 1:使用进给手轮时,选中 X 轴,向正方向转动进给手轮时, X 轴沿负方向移动;向负方向转动进给手轮时, X 轴沿负方向移动。

故障排除 1:相关参数 7102#0(HNGx)应设置为 0,实际设置为 1,如图 6-18 所示。

参数含义:使相对于手摇脉冲发生器的进给手轮旋转方向的每个轴的移动方向,0 表示为相同方向,1 表示为相反方向。

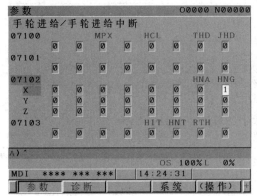

图 6-18 参数故障 1

故障现象 2:POS 界面, Z 轴位置显示消失,如图 6-19 所示

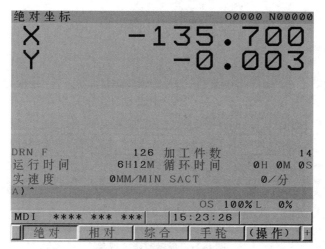

图 6-19　参数故障 2 现象

故障排除 2:相关参数 3115#0(NDPx)应设置为 0,实际设置为 1,如图 6-20 所示。

参数含义:是否进行当前位置显示,0 表示予以进行,1 表示不予进行。

参数										O0000 N00000
MDI/EDIT										
03115						NDF		NDA	NDP	
X	0	0	0	0	0	0	0	0	1	
Y	0	0	0	0	0	0	0	0	0	
Z	0	0	0	0	0	0	0	0	0	
03116	MDC	T8D					PWR			
	0	0	0	0	0	0	1	0		
03117								SPP	SMS	
	0	0	0	0	0	0	0	1	0	
03119						TPA	DDS			
	0	0	0	0	0	0	0	0	0	
A) ^								OS 100%L	0%	
MDI **** *** ***				14:09:27						
号搜索	ON:1	OFF:0	+输入	输入	+					

参数										O2018 N00000
MDI/EDIT										
03115						NDF		NDA	NDP	
X	0	0	0	0	0	0	0	0	0	
Y	0	0	0	0	0	0	0	0	0	
Z	0	0	0	0	0	0	0	0	0	
03116	MDC	T8D					PWR			
	0	0	0	0	0	0	1	0		
03117								SPP	SMS	
	0	0	0	0	0	0	0	1	0	
03119						TPA	DDS			
	0	0	0	0	0	0	0	0	0	
A) ^								OS 100%L	0%	
HND **** *** ***				14:08:44						
参数	诊断			系统	(操作)	+				

图 6-20　参数故障 2

故障现象 3:Z 轴不动,伺服轴硬件屏蔽,产生报警 SV1026(Z)轴的分配非法,如图 6-21 所示。

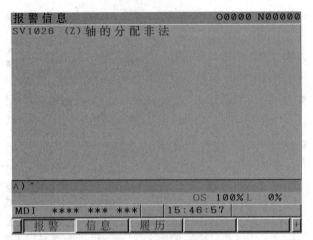

图 6-21 参数故障 3 现象

故障排除 3:相关参数 1023 应设置为 3,实际设置为 -1,如图 6-22 所示。

参数含义:各轴的伺服轴号。此参数设定各控制轴与第几伺服轴对应,通常将控制轴号与伺服轴号设定为相同值。

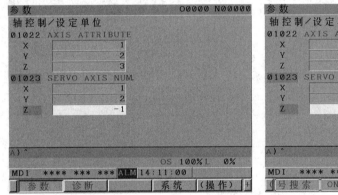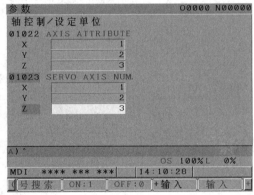

图 6-22 参数故障 3

控制轴号表示轴型参数和轴型机械信号的排列号。

(1)进行 Cs 轮廓控制 / 主轴定位的轴,设定 -(主轴号)作为伺服轴号。例如,第 4 控制轴中使用第 1 主轴的 Cs 轮廓控制时,设定为 -1。

(2)若是串联控制轴及电子齿轮箱(下称"EGB")控制轴的情形,需要将 2 轴设定为 1 组,因此按照如下方式设定。

①串联轴为主控轴设定奇数(1,3,5,7,…)伺服轴号的其中一个,为成对的从控轴设定在主控轴的设定值上加 1 的值。

②EGB 轴为主控轴设定奇数(1,3,5,7,…)伺服轴号的其中一个,为成对的虚设轴设定在从控轴的设定值上加 1 的值。

注释:在设定完此参数后,需要暂时切断电源,如图 6-23 所示。

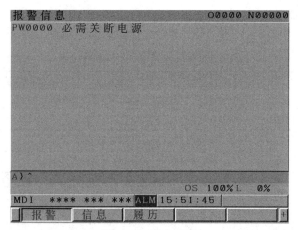

图 6-23　断电提醒

故障现象 4：使用 MDI 操作方式，使 X（或 Y、Z）轴沿正（或负）方向移动 50 mm 时，POS 界面显示为 50 mm，但用百分表实际测量，X（或 Y、Z）轴移动距离为 12.5 mm。

故障排除 4：相关参数 3720 应设置为 4096，实际设置为 1024，如图 6-24 所示。

参数含义：位置编码器的脉冲数。

注释：在设定完此参数后，需要暂时切断电源，如图 6-23 所示。

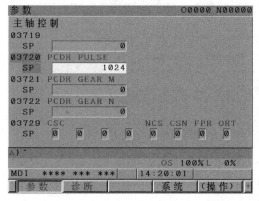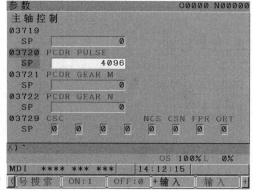

图 6-24　参数故障 4

填写参数故障设置过程记录表，见表 6-8。

表 6-8　参数故障设置过程记录表

步骤	参数故障设置过程记录	遇到的问题和解决方法
参数 7102#0（HNGx）		
参数 3115#0（NDPx）		
参数 1023（Z）		
参数 3720		
整个过程自查		

教师、学生可按照表 6-9 对本次实训进行评分。

表 6-9　参数故障诊断与排除评分表

班级_____		工作形式 □个人　□小组分工　□小组	实践工作时间_____	
训练项目	训练内容	训练要求	学生自评	教师评分
参数故障诊断与排除	1. 工作计划（30 分）	计划制订合理；操作步骤正确		
	2. 过程记录（20 分）	参数故障设置过程记录详细，没有出现问题		
	3. 功能测试（40 分）	能够独立完成参数故障设置，满足要求，遇到问题能够独立解决		
	4. 职业素养与安全意识（10 分）	现场操作符合安全操作规程；团队既有分工又有合作，配合紧密；遵守纪律，尊重教师，爱惜设备和器材，保持工位的整洁		

参数故障诊断与排除的经验分享：

（1）如果机床有报警，根据报警号，查找相关内容，更改相应参数；

（2）如果机床无报警，但根据实际观测或测量，其和期望值不相符，可以查找相应用户手册，更改相关参数。

知识、技能归纳

通过训练掌握了参数故障诊断与排除的思路及方法，并亲身实践了数控铣床维修实训设备的参数故障诊断与排除。

6.5　技能拓展

PMC 故障诊断与排除

1. 拓展目标

（1）掌握数控铣床维修实训设备 PMC 程序。

（2）具有诊断与排除数控铣床维修实训设备 PMC 故障的能力。

（3）具有纪律观念和团队意识，以合作方式拟订诊断与修理计划。

（4）能够在故障诊断、检测及维修中严格执行相关技术标准规范和安全操作规程。

（5）具备环境保护和文明生产的基本素质。

（6）能够撰写维修工作报告，总结、反思、改进工作过程。

2. 急停故障

故障现象 1：松开急停按钮后，EMG 急停报警无法消除，如图 6-25 所示。

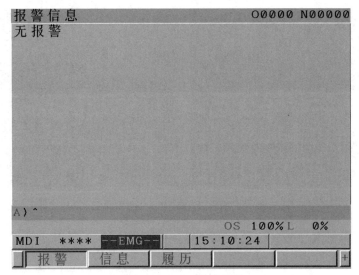

图 6-25   EMG 急停报警

故障分析 1：急停输入信号 X8.4 接线端的电压为 DC24 V，X8.4 信号为"1"，G8.4 信号为"0"，如图 6-26 所示。说明急停回路无断路，急停回路 DC24 V 无故障，应该为 PMC 程序故障。

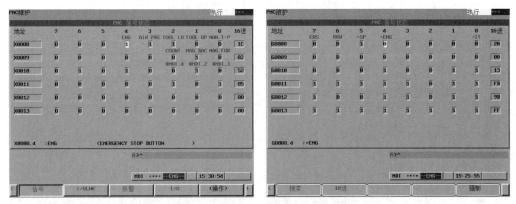

图 6-26   X8.4 信号和 G8.4 信号状态

故障排除 1：翻阅《0i-D 功能连接说明书》，查找 X8.4 信号和 G8.4 信号的说明，均为低电平有效，如图 6-27 所示。在 PMC 程序中，X8.4 的线圈为 B 类触点，这样 X8.4 信号为"1"时，G8.4 信号为"0"，引发急停报警，如图 6-27 所示。应将 X8.4 的线圈改为 A 类触点，即可消除故障，如图 6-28 所示。

X008					*ESP			

G008		ERS	RRW	*SP	*ESP	*BSL		*CSL	*IT

图 6-27   X8.4 信号和 G8.4 信号说明

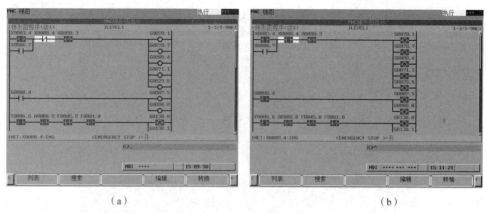

（a）　　　　　　　　　　　　　　　　（b）

图 6-28　急停故障排除

（a）故障点 1　（b）故障排除 1

3. 手轮故障

故障现象 2：在手轮操作模式下，手轮倍率"×100"失效，其他倍率及轴选正常。

故障分析 2：查看参数 7113（手轮进给倍率 m）设定值为 100，参数 12350（若该参数设为"0"，参数 7113 有效）设定值为"0"，均设置正确，如图 6-29 所示。当选中手轮倍率"×100"，并触发"手轮选通"按键时，手轮倍率"×100"输入信号 X2.1 为"1"，显示正常，但 G19.5 信号为"0"，因此应该为 PMC 程序故障，如图 6-30 所示。

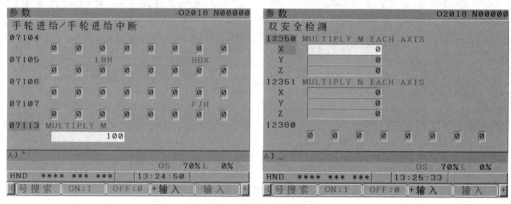

图 6-29　手轮相关参数设置

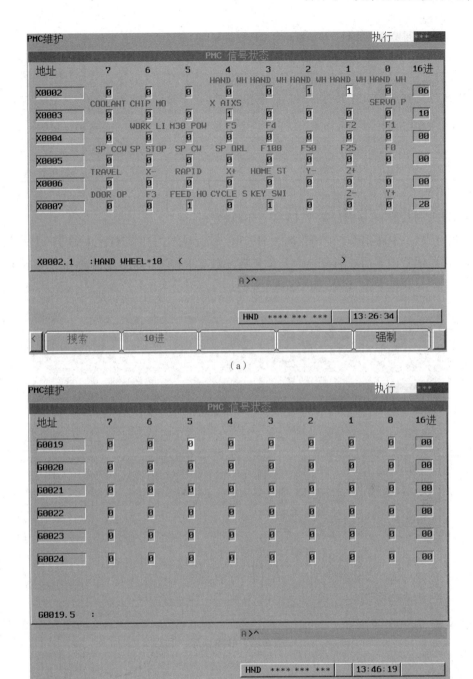

（a）

（b）

图 6-30　X2.1 信号和 G19.5 信号状态

（a）X2.1 信号状态　（b）G19.5 信号状态

故障排除 2：手轮进给倍率选择信号 MP1（G19.4）、MP2（G19.5），信号和移动量的对应关系见表 6-10。

表 6-10 手轮进给倍率选择信号与移动量的对应关系表

手轮进给倍率选择信号		手轮进给移动距离
MP2（G19.5）	MP1（G19.4）	
0	0	最小输入增量 ×1
0	1	最小输入增量 ×10
1	0	最小输入增量 ×m
1	1	最小输入增量 ×n

其中，比例系数 m、n 由参数 7113 和 7114 设定。

因此，在选中手轮倍率"×100"时，G19.5 信号应显示为"1"，G19.4 信号应显示为"0"，查看梯图，发现 G19.5 信号前有一个无意义常开触点 R100.0，如图 6-31 所示。删掉该触点，则手轮倍率"×100"恢复正常，如图 6-32 所示。

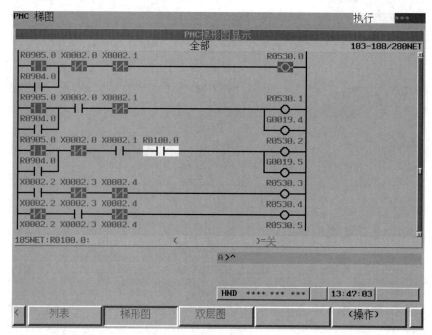

图 6-31 故障点 2

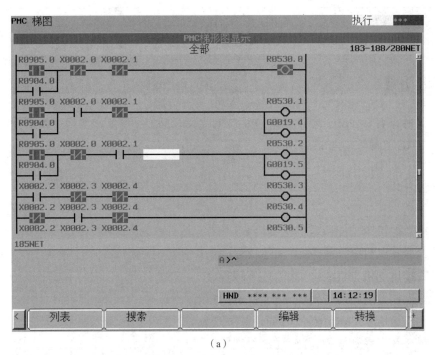

（a）

（b）
图 6-32　手轮进给倍率故障排除
（a）手轮进给倍率 PMC 程序　（b）G19.5 信号状态

PMC 故障诊断与排除的经验分享：

（1）查看 PMC 信号状态的方法，【SYSTEM】—【+】—【+】—【+】—【PMCMNT】—【信号】；

（2）熟知常用 F、G 指令的功能，如 F1.1、G8.4；

（3）掌握 PMC 程序中功能指令的使用方法，如定时器、计数器、译码器。

知识、技能归纳

通过训练掌握了 PMC 故障诊断与排除的思路及方法，并亲身实践了数控铣床维修实训设备的 PMC 故障诊断与排除。

思考练习

1. 简述数控机床功能检查的主要内容。

2. 设置冷却电机电气故障，并简述故障现象。

3. 设置排屑电机电气故障，并简述故障现象。

4. 设置操作方式 PMC 故障，并简述故障现象。

5. 设置进给倍率 PMC 故障，并简述故障现象。

6. 设置 2~3 个参数故障，并简述故障现象。

项目7　试件切削试验编程与操作

教 学 导 航

知识重点	了解数控铣床切削精度检测项目内容,掌握数控车床切削精度检测项目内容
知识难点	数控铣床、数控车床切削精度检测项目与机床精度对应关系
技能重点	试件编程
技能难点	试件加工程序上机调试,试件切削加工
推荐教学方式	从工作任务入手,通过对数控铣床、数控车床切削精度检测项目内容等分析,使学生掌握数控铣床、数控车床切削精度检测项目与机床精度对应关系;通过在实训设备上训练,掌握试件编程、加工程序上机调试,试件切削加工方法
推荐学习方法	通过相关的数控铣床、数控车床切削精度检测项目理论学习,基本掌握数控铣床、数控车床切削精度检测项目与机床精度对应关系;通过训练进行试件编程、加工程序上机调试、试件切削加工,真正掌握所学知识与技能
建议学时	8 学时

7.1　项目导入

　　数控机床加工测试主要是为了检测数控系统的程序处理功能、自动运行功能、机床性能指标等,还包括 G 指令的处理,M、S、T 指令的处理,固定循环指令的处理等。

7.2　训练目标

1. 知识目标
(1)掌握加工程序的编辑及输入方法。
(2)掌握工件的装夹,对刀的过程。
(3)掌握工件的切削参数(包括倍率、急停位置、剩余的切削量等)。

2. 能力目标
(1)理解工件的检验检测要求。
(2)能够分析超差原因,进行超差补偿。
(3)掌握加工工艺分析能力。

3. 素质目标

（1）能够应用理论知识指导实践操作。

（2）具有自主分析问题和解决问题的能力。

（3）培养学生刻苦钻研、吃苦耐劳和团队合作精神。

7.3 知识学习

7.3.1 切削精度的验收

以数控铣床为例，表 7-1 给出了数控铣床切削精度检测项目和检测方法。

表 7-1 数控铣床切削精度检测项目和检测方法　　　　　　　　单位：mm

检测内容		检测方法	允差 /mm	实测误差
立铣刀铣削圆弧精度	圆度		0.02	
端铣刀铣削平面精度	平面度		0.01	
	阶梯度		0.01	
立铣刀铣削四周面精度	直线度		0.01/300	
	平行度		0.02/300	
	厚度差		0.03	
	垂直度		0.02/300	

检测内容		检测方法	允差 /mm	实测误差
两轴联动铣削 直线精度	直线度	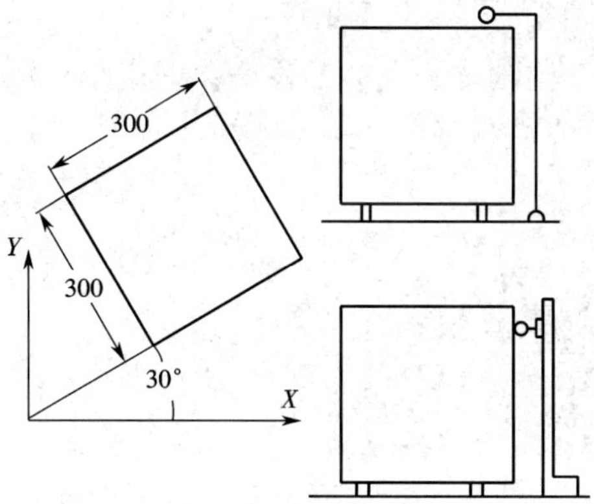	0.015/300	
	平行度		0.03/300	
	垂直度		0.03/300	
镗孔精度	圆度	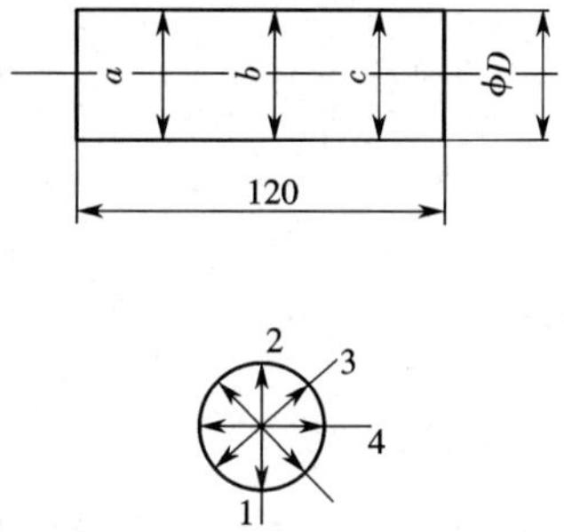	0.01	
	圆柱度		0.01/100	
镗孔孔距精度	X 轴方向	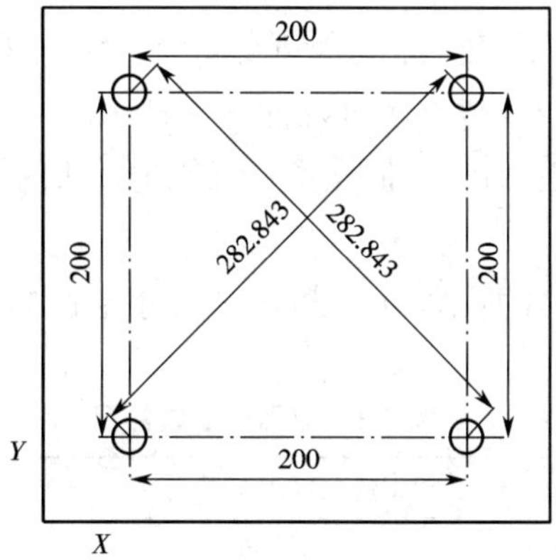	0.02	
	Y 轴方向		0.02	
	对角线方向		0.03	
	孔距偏差		0.01	

7.3.2 工件的试切

"数控机床装调、维修与升级改造"赛项是根据对《精密加工中心检验条件 第 7 部分：精加工试件精度检验》(GB/T 20957.7—2007)的理解, 自行设计试件切削试验编程与操作, 完成试件切削试验的程序编制, 以考核改造后机床的功能及精度为目的, 合理安装、调整刀具, 配合其他工、量具使用, 完成试件切削试验操作。数控铣床标准切削试件的完成品如图 7-1 所示。

图 7-1 数控铣床标准切削试件的完成品

7.4 任务实施

7.4.1 轮廓加工试件

1. 概述

根据对 GB/T 20957.7—2007 的解读,该检验包括在不同轮廓上的一系列精加工,用于检查不同运动条件下的机床性能,即仅一轴线进给、具有不同进给率的两轴线线性插补、一轴线进给率非常低的两轴线线性插补和圆插补。

该检验通常在 X-Y 平面内进行,但当备有万能主轴头时,同样可以在其他平面内进行。

2. 尺寸

本部分提供了两种规格的轮廓加工试件,其尺寸见表 7-2。

表 7-2 轮廓加工试件尺寸 单位:mm

名义尺寸 l	m	p	q	r
320	280	50	220	100
160	140	30	110	52

试件的最终形状(图 7-2 和图 7-3)应由下列加工形成:

(1)通镗位于试件中心直径为 p 的孔;

(2)加工边长为 l 的外正四方形和边长为 m 的正四方形底座;

(3)加工正四方形上面边长为 q 的菱形(倾斜 60° 的正四方形);

(4)加工菱形上面直径为 q 减去 2 mm 且深为 6 mm 的圆;

(5)加工正四方形上面角度为 3° 或正切值为 0.05 且深为 6 mm 的倾斜面;

(6)镗削直径为 43 mm(或小规格试件上的 26 mm)且深为 6 mm 的四个孔和直径为

45 mm（或小规格试件上的 28 mm）且深为 6 mm 的四个孔，加工时直径为 43 mm 的孔沿轴线的正向趋近，直径为 45 mm 的孔沿轴线的负向趋近，这些孔定位于距试件中心为 *r* 处。

（7）铣削直径为 26 mm（或小规格试件上的 16 mm）深为 22 mm（或小规格试件上的 14 mm）的 4 个孔。

（8）通铣直径为 175 mm（或小规格试件上的 11 mm）的 4 个孔。

> 轮廓加工试件的经验分享：
>
> 　因为是在不同的轴向高度加工不同的轮廓表面，因此应保持刀具与下表面平面离开零点几毫米的距离，以避免面接触。

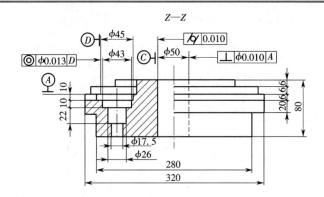

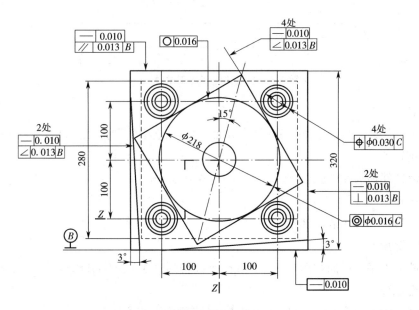

图 7-2　大规格轮廓加工试件（mm）

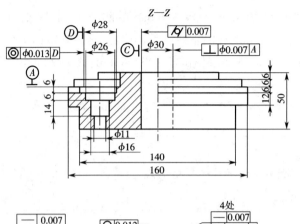

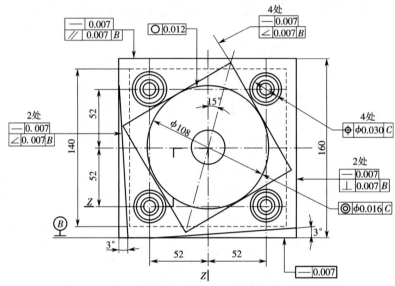

图 7-3 小规格轮廓加工试件(mm)

3. 刀具

可选用直径为 32 mm 的同一把立铣刀加工大、小规格轮廓加工试件的所有外表面。

4. 切削速度

对于铸铁件约为 50 m/min,对于铝件约为 300 m/min。

5. 进给量

进给量为 0.05~0.1 mm/ 齿。

6. 切削深度

所有铣削工序在径向切深应为 0.2 mm,平面铣削工序 b、c 和 d 深度约为 6 mm。

7. 毛坯底部

毛坯底部为正方形底座,该底座边长为 m,高度由安装方法确定。

按 GB/T 20957.7—2007,本部分进行精加工的试件检验和允差见表 7-3。

表 7-3   轮廓加工试件几何精度检验

检验项目	允差		检 验 工 具
	名义规格 *l*=320	名义规格 *l*=160	
中心孔:			
a. 圆柱度;	a. 0.010	a. 0.007	a. 坐标测量机;
b. 孔轴线对基准 *A* 的垂直度	b. ϕ 0.010	b. ϕ 0.007	b. 坐标测量机
正四方形:			
c. 边的直线度;	c. 0.010	c. 0.007	c. 坐标测量机或平尺和指示器;
d. 相邻边对基准 *B* 的垂直度;	d. 0.013	d. 0.007	d. 坐标测量机或角尺和指示器;
e. 相对边对基准 *B* 的平行度	e. 0.013	e. 0.007	e. 坐标测量机或高度规或指示器
菱形:			
f. 边的直线度;	f. 0.010	f. 0.007	f. 坐标测量机或平尺和指示器;
g. 四边对基准 *B* 的倾斜度	g. 0.013	g. 0.007	g. 坐标测量机或正弦规和指示器
圆:			
h. 圆度;	h. 0.016	h. 0.012	h. 坐标测量机或指示器或圆度测量仪;
i. 外圆和中心孔 *C* 的同心度	i. ϕ 0.016	i. ϕ 0.016	i. 坐标测量机或指示器或圆度测量仪
斜面:			
j. 面的直线度;	j. 0.010	j. 0.007	j. 坐标测量机或平尺和指示器;
k. 斜面对基准 *B* 的倾斜度	k. 0.013	k. 0.007	k. 坐标测量机或正弦规和指示器
镗孔:			
n. 孔相对于中心孔 *C* 的位置度;	n. ϕ 0.030	n. ϕ 0.030	n. 坐标测量机;
o. 内孔与外孔 *D* 的同心度	o. ϕ 0.013	o. ϕ 0.013	o. 坐标测量机或圆度测量仪

注:1. 如果可能,应将试件放在坐标测量机上进行测量。

2. 对于直边(正四方形、菱形和斜面的检验,为得到直线度、垂直度和平行度的偏差,测头至少在 10 个点触及被测表面。

3. 对于圆度(或圆柱度)的检验,当测量为非连续时,至少检查 15 个点(圆柱度在每个测量平面内,建议圆度检验最好采用连续测量。

7.4.2   试件加工操作过程

(1)由【CSTM/GRPH】键—参数,进入图形参数界面,如图 7-4 所示。

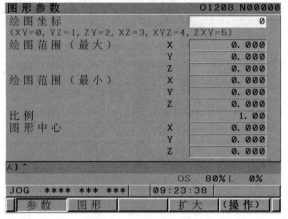

图 7-4   图形参数界面

（2）根据被加工零件尺寸，在图形参数界面设定合适的值，如图 7-5 所示。

```
图形参数                          O1208 N00000
绘图坐标                                        4
(XY=0，YZ=1，ZY=2，XZ=3，XYZ=4，ZXY=5)
绘图范围（最大）        X         200.000
                       Y         200.000
                       Z         150.000
绘图范围（最小）        X           0.000
                       Y           0.000
                       Z           0.000
比例                                      0.30
图形中心                X         100.000
                       Y         100.000
                       Z          75.000

A)^
                              OS  110%L    0%
MEM  ****  ***  ***        09:58:40
  │  参 数  │  图 形  │          扩 大  │（操 作）│
```

图 7-5 设定合适的值

（3）将各进给轴的正、负硬限位的值设定好，将机床开到合适的位置，由【OFS/SET】键—工件坐标系，选择 G54 确定工件坐标系，如图 7-6 所示。

```
工件坐标系设定                    O1208 N00030
(G54)
号.        数据         号.              数据
00    X       0.000 02    X           0.000
EXT   Y       0.000 G55   Y           0.000
      Z       0.000       Z           0.000


01    X    -226.000 03    X           0.000
G54   Y     -96.000 G56   Y           0.000
      Z    -157.000       Z           0.000

A)^
                              OS   80%L    1%
MEM  STRT MTN  ***        10:39:41
  │  刀 偏  │  设 定  │  坐 标 系  │（操 作）│ +
```

图 7-6 确定工件坐标系

（4）由【CSTM/GRPH】键—图形，进入刀具路径图界面，如图 7-7 所示。

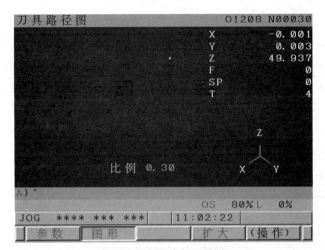

图 7-7   刀具路径图界面

（5）选择被加工零件的程序,按循环启动,再选择空运行状态,将界面切换到刀具路径图界面,图形模拟结果如图 7-8 所示

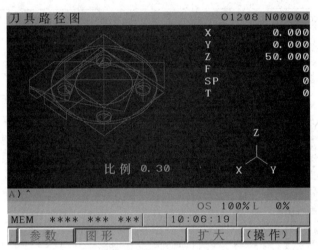

图 7-8   图形模拟结果

参考加工主程序见表 7-4,参考加工程序见表 7-5。

表 7-4   参考加工主程序

程序	注释
O1208	
G90 G69 G17	G90 绝对坐标编程,G69 取消工件坐标系旋转,G17 在 X-Y 平面加工
G54 G0 G40 X100 Y-100	G54 调用工件坐标系,G40 取消刀补
G43 Z5 H1	G43 调用刀具补偿,H1 为 1 号刀具补偿值
M3 S1000	
G0 Z-30	

程序	注释
G1 G41 D1 Y-80 F2000	G41 调用左刀补,D1 为 1 号刀左刀补值
X-80	
X80	
Y-80	
G0 G40 X100 Y0	
Z-6	
G2 I-100	G2 顺时针圆弧插补
G1 G41 D1 X54 F2000	
G2 I-54	
G0 G40 X100	
Z-12	
G2 I-100	
G0 X100 Y-100	
G68 X0 Y0 R30	G68 工件坐标系旋转,R 旋转角度
G1 G41 D1 X55 Y-55 F2000	
X-55	
Y55	
X55	
Y-55	
G69	
G0 G40 X100 Y-100	
Z-18	
G68 X-80 Y80 R3	
G1 G41 D1 X80 Y-80 F2000	
X-80	
Y80	
G69	
G0 G40 Z50	
Φ11	
G90 G17 G69	
G54 G0 G40 X-52 Y-52	
G43 H2 Z5	
M3 S1000	
G81 X-52 Y-52 Z-55 R5 F1000	G81 钻孔,R 钻孔下刀高度
X52 Y52	
X52 Y-52	

程序	注释
X−52 Y52	
G0 Z50	
Φ16	
G90 G17 G69	
G54 G0 G40 X−52 Y−52	
G43 H3 Z5	
M3 S1000	
G83 X−52 Y−52 Z−38 R5 Q2 F1000	G83 钻孔(有排屑动作),Q 每次钻孔深度
X52 Y52	
X52 Y−52	
X−52 Y52	
G0 Z5	
Φ28 Φ26	
M98 P6180	
G68 X0 Y0 R180	
M98 P6180	
G68 X0 Y0 R90	
M98 P6180	
G68 X0 Y0 R270	
M98 P6180	
G69	
G0 Z50	
Φ28	
G90 G17 G69	
G54 G0 G40 X0 Y0	
G43 H4 Z5	
M3 S1000	
G83 X0 Y0 Z−53 R5 Q2 F1000	
G0 Z50	
G80	
M30	

表 7-5　参考加工子程序

程序	注释
O6180	
G0 Z10	Z 向定位检查刀具长度补偿
X-52 Y-52	刀具定位
G1 Z-18	Z 向进刀
G1 G41 D6 X-38 Y-52 F1000	G1 速度进给,刀补,刀具半径
G3 I-14	铣腔逆时针为顺铣,整圆编程
G0 G40 X-52 Y-52	退刀时去掉刀补,否则会报警刀具干涉
G1 Z-24 F400	铣削第二个腔,步骤同上
G1 G41 D6 X-39 Y-52 F1000	
G3 I-13	
G0 G40 X-52 Y-52	
M99	子程序末尾用 M99

7.5　技能拓展

数控车床切削精度的验收方法

为了拓展数控知识的全面性,下面介绍数控车床的检验方法。

机床的切削精度是一项综合精度,它不仅反映了机床的几何精度和定位精度,同时还受到试件的材料、环境温度、刀具性能及切削条件等各种因素影响。为反映机床的真实精度,尽量排除其他因素的影响,切削精度测试的技术文件中会规定测试条件,如试件材料、刀具技术要求、主轴转速、切削深度、进给速度、环境温度以及切削前的机床空运转时间等。

卧式数控车床切削精度检测项目和检测方法如下。

1. 精车圆柱试件的圆度(靠近主轴轴端,检验试件的半径变化)

检测工具:千分尺。

检验方法:精车试件(试件材料为 45 号钢,正火处理,刀具材料为 YT30)外圆 D,试件如图 7-9 所示,用千分尺测量靠近主轴轴端,检验试件的半径变化,取半径变化最大值近似作为圆度误差;用千分尺测量每一个环带直径之间的变化,取最大差值作为该项误差。

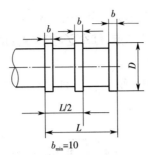

图 7-9 检测加工后工件的圆度和直径一致性图解

检查切削加工直径的一致性,即检验零件的每一个环带直径之间的变化。

允差范围:试件的圆度允差为 0.005 mm,试件各段的一致性允差在任意 300 mm 长度上为 0.03 mm。

2. 精车端面的平面度

检测工具:平尺、量块、百分表。

检验方法:精车试件端面(试件材料为 HT150,硬度为 180~200HB,刀具材料为 YG8),试件如图 7-10 所示,使刀尖回到车削起点位置,把百分表安装在刀架上,百分表测头在水平平面内垂直触及圆盘中间,负 X 轴方向移动刀架,记录百分表的读数及方向;用终点时读数减去起点时读数再除以 2,所得的商即为精车端面的平面度误差;若数值为正,则平面是凹的。

允差范围:在 300 mm 试件上为 0.025 mm(只允许凹)。

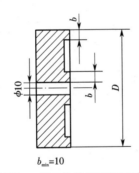

图 7-10 检测加工后工件的端面平面度图解(mm)

3. 螺距精度

检测工具:丝杠螺距测量仪。

检验方法:可取外径为 50 mm、长度为 75 mm、螺距为 3 mm 的丝杠作为试件进行检测(加工完成后的试件应充分冷却),试件如图 7-11 所示。

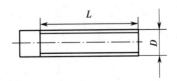

图 7-11 检测所加工螺纹的螺距精度图解

允差范围：在任意 50 mm 测量长度上为 0.025 mm。

4. 精车圆柱形零件的直径尺寸精度、精车圆柱形零件的长度尺寸精度

检测工具：测高仪、杠杆卡规。

检验方法：用程序控制加工圆柱形零件，试件如图 7-12 所示（零件轮廓用一把刀精车而成），测量其实际轮廓与理论轮廓的偏差。

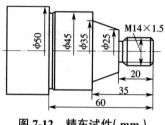

图 7-12　精车试件（mm）

允差范围：直径尺寸精度为 ±0.025 mm，长度尺寸精度为 ±0.025 mm。

思考练习

回忆机床切削精度验收的过程，并分步骤写出。

参考文献

[1] 杨中力,温丹丽. 数控机床故障诊断与维修 [M].3 版. 大连:大连理工大学出版社,2015.

[2] 吕景泉. 数控机床安装与调试 [M]. 北京:中国铁道出版社,2011.

[3] 娄锐. 数控机床 [M].4 版. 大连:大连理工大学出版社,2014.

[4] 曹健. 数控机床装调与维修 [M]. 北京:清华大学出版社,2011.